学生のための
SNS
活用の技術

第2版

高橋大洋［著］・佐山公一［編著］・吉田政弘［著］

Using Social Media Effectively: A Practical Guide for Students

講談社

装丁デザイン：平原 寛子／本文デザイン：(株)双文社印刷／イラスト：坂井 太陽

まえがき

　本書は、一般の大学生を読者と想定して書かれたものです。ふだんから
インターネットや SNS（ソーシャル・ネットワーキング・サービス）を使っ
ていれば読めるようになっており、特別な予備知識は必要ありません。

　また、大学生のみなさんが、新社会人になってからも、手元において時々
読みかえして確認してもらえるよう、構成を工夫しています。できるだけ
平易な表現を使い、イラストを多用しているので、知ろうとする意欲があれ
ば、高校生にも理解できるようになっています。

　イラストをカラーにし、各章のまとめを章末に箇条書きの形で入れまし
た。まとめとイラストをながめるだけで、本書の内容をおおまかに理解で
きるようにしました。

　LINE や Twitter、Instagram といった SNS は、大学生のみなさんにとっ
て、もはや日常的に使う道具になっているはずです。どの SNS でも、新
しい機能が次々に登場したり、前からある機能もさらに便利になるよう
日々修正されたり、絶えずかたちを変えています。いわゆるマニュアル本
は、わずか半年前に出版されたものですら、あまり役に立ちません。イン
ターネットで検索して調べても、個別の SNS を前提に、こうすればフォ
ロワーが増える、あるいは、こんな便利機能がある、といった情報しか見
つけることができません。

　本書では、そうした特定のサービスの個別機能や利用のテクニックにつ
いて解説するのではなく、SNS 全般に共通する要素や運営側の事情があ
ることを前提にした注意点、大学生のみなさんが SNS を使った情報収集、
情報発信を進めていく際に、基礎となる考え方や実践のヒントを解説して
います。本書を通読することで、SNS が将来どのように進化しても、適
切に対応できるようになります。

iii

みなさんは、中学生、高校生の頃から、インターネットは危ないもの、SNSではこれをしたらダメ、といったことについて、たくさん聞かされてきたことでしょう。その恐怖感から、SNSを使うことに消極的になっている人がいるはずです。また、LINEのようなSNSを使っていて、仲のよい友だちの間で収拾のつかない面倒な状況になった経験をした人もいるかもしれません。そうした経験をすると、SNSは必要最低限使えれば十分、できればなるべく使わないようにしたい、などと思うようになるものです。

類書でよく取り上げられる、そうしたSNSの失敗事例は、本書ではほとんど取り上げていません。失敗事例をいくら整理し、理解しても、積極的にSNSを活用するヒントや後押しにはつながらないからです。

本書では逆に、SNSを使う力がなぜ、どのように社会で求められているのか、若い世代に期待されていることは何かを正しく理解するために、活用の成功事例を積極的に紹介しています。

また、SNSは情報収集、情報発信の経路としてだけでなく、自分自身の知的な生産活動を助けるツールとしても、とても役立つものです。本書の終盤では、SNSとの距離を適切に保ちつつ、その可能性を引き出すための、上手な付き合い方についても触れています。

多少かたちを変えることはあっても、SNSは今後ますますわれわれの日常に浸透していくことでしょう。これから先、日常生活のなかでSNSとどのように接するかが、みなさんの人生を変えるといっても過言ではありません。

本書を読めば、SNSに使われる毎日を脱し、自分に何ができるか、自分がどのような人間であるかを、SNSを通じて社会にアピールできるようになるためのヒントがきっと見つかるはずです。

2018年2月

高橋大洋・佐山公一・吉田政弘

目　次

まえがき ▶▶ iii

第1章　SNS を使いこなそう ▶▶▶▶▶▶▶▶▶▶▶▶▶▶▶▶▶▶▶▶▶▶▶▶ 1

1.1　SNS とは何か ▶▶▶ 1

1.1.1　ソーシャル・ネットワーキング・サービス　1

1.1.2　SNS の 5 つの要素　3

1.1.3　「無料なのに高機能」を支えるしくみ　6

1.2　やさしいようで奥が深い SNS の利用 ▶▶▶ 9

1.2.1　SNS 経由のコミュニケーションは案外難しい　9

1.2.2　SNS は目的に合わせた使い分けが必要　12

1.2.3　誰もが直面する「SNS 疲れ」　13

1.2.4　SNS を活用するためには知識と経験の両方が必要　15

第2章　SNS 活用がなぜ重要なのか ▶▶▶▶▶▶▶▶▶▶▶▶▶▶▶▶▶▶ 19

2.1　SNS のもつ大きな力への期待 ▶▶▶ 19

2.1.1　従来型メディアと SNS の違い　20

　　　　情報の流れは一方向か、双方向か

　　　　メディア運営のコストが下がり、誰もが発信可能に

　　　　複数の専門家がチームで仕事に取り組む従来型メディア

　　　　一人きりでも発信できてしまう SNS

2.1.2　SNS 活用が望まれる背景　24

　　　　情報の伝わる速度

　　　　情報の多様性や専門性

2.1.3　日本の SNS 利用　29

v

2.2 🛜 SNS 活用の実例 ▶▶▶ 34

2.2.1　来場者数を 3 割増やした動物園　35
　　　　流しカワウソのギャップ萌えでローカルな施設が全国区に
　　　　高機能ノートの大量在庫をツイートで一掃した孫

2.2.2　個人での表現の場を拡大　38
　　　　幸運に恵まれただけではなく SNS 巧者だったピコ太郎
　　　　Instagram で世界にデビューした中学生
　　　　シンガーソングライターのメジャーデビューを支えるツイキャス

2.2.3　組織での活用例　42
　　　　組織による取り組みの広がりと課題
　　　　組織による取り組みの目的と実際

2.3 🛜 結局は一人ひとりの力に帰結する SNS 活用 ▶▶▶ 47

2.3.1　担当者の異動・退職と公式アカウント　47
　　　　テーブルマーク株式会社
　　　　東急ハンズ
　　　　NHK

2.3.2　多様な「中の人」が存在する組織の魅力　51
　　　　シャープ
　　　　JAL
　　　　福岡市市長

2.3.3　若い世代への SNS 活用の期待　55

第 3 章　SNS による情報収集の技術 ▶▶▶▶▶▶▶▶▶▶▶▶▶▶▶▶▶▶▶▶▶▶▶ 59

3.1 🛜 情報収集手段として SNS を使うときの注意点 ▶▶▶ 59

3.1.1　情報はパーソナライズされている　60

3.1.2　好みの世界に閉じ込められる怖さ　63
　　　　メディアには必ずある偏り
　　　　フィルターバブル

3.1.3　あなたのクリックがネットを変える　66

3.2 📶 情報収集手段としての SNS の魅力 ▶▶▶ 69

3.2.1 最新の専門知識や専門家の意見に直接触れることができる 70

　　　Twitter による情報収集の実際

　　　Facebook による情報収集の実際

3.2.2 情報の信憑性や発信者の信頼性を判断する材料が豊富 74

3.3 📶 情報収集における SNS の位置づけ ▶▶▶ 79

3.3.1 インターネットを使った情報収集の基本を確認してみる 79

3.3.2 情報源を絞り込む手段としての SNS 82

3.3.3 SNS は自分の立ち位置を確認する手段 86

第4章　SNS による情報発信の技術 ▶▶▶▶▶▶▶▶▶▶▶▶▶▶▶▶▶▶▶▶▶▶ 91

4.1 📶 SNS を使うときの人間の心理を知ろう ▶▶▶ 91

4.1.1 SNS 経由のコミュニケーションにつきまとう不安感 91

　　　手がかりの少なさ

　　　応答のタイミングのはかりにくさ

4.1.2 グループでのコミュニケーションの難しさ 96

4.1.3 認めてもらいたいという心理 98

4.2 📶 目的に合った最適な SNS を選ぼう ▶▶▶ 101

4.2.1 情報発信に SNS を使う目的・意図をはっきりさせよう 101

　　　何となく使い始めた人がほとんど

　　　利用のリスク評価が可能に

4.2.2 使い分けのために知っておきたい主要 SNS の違い 104

　　　LINE

　　　Twitter

　　　Instagram

　　　Facebook

4.2.3 特定の SNS に頼ったときのリスク 107

　　　預けたコンテンツの取り扱いは運営事業者次第

　　　大切な自分のコンテンツを守るために

4.3 📶 相手に伝わる SNS での書き方とは ▶▶▶110

4.3.1 紙と画面では書き方が変わる　111

読む側の状況に大差

詰め込みすぎず読みやすく

検索されやすさなど、出入りの間口を広げる工夫を

4.3.2 伝わる書き方は、紙でも画面でも同じ　114

伝わる書き方の身につけ方

何をどのように書いていくべきか

4.3.3 コミュニケーションの失敗を過度に恐れない　117

第5章　SNS 活用の実践 ▶▶▶▶▶▶▶▶▶▶▶▶▶▶▶▶▶▶▶▶▶▶▶▶▶▶ **123**

5.1 📶 SNS を離れ、一人で考える時間を確保することを優先 ▶▶▶123

5.1.1 ストレスを高める情報過多　123

5.1.2 利用者にどれだけ時間を消費させるかが
運営事業者側の関心事　126

5.1.3 SNS 利用による睡眠時間の減少と質の低下　129

5.2 📶 もっと大切な情報が SNS の先にある ▶▶▶131

5.2.1 SNS をオフラインの活動の入り口として意識しよう　132

5.2.2 役立つ情報が SNS にないと嘆く人ほど、自ら発信しない　134

5.3 📶 発信することで一人ひとりの未来が変わる ▶▶▶136

5.3.1 SNS ではローカルな事実、独自の視点こそが
求められている　137

5.3.2 SNS 上の人格を統合しよう　139

5.3.3 SNS への情報発信で自分の行動が変わる　142

さらに深く学びたい人のために（参考図書） ▶▶▶▶▶▶▶▶▶▶▶▶▶▶▶▶▶▶▶▶▶**147**

索　引 ▶▶▶▶▶▶▶▶▶▶▶▶▶▶▶▶▶▶▶▶▶▶▶▶▶▶▶▶▶▶▶▶▶▶▶▶▶▶**149**

執筆者紹介 ▶▶▶▶▶▶▶▶▶▶▶▶▶▶▶▶▶▶▶▶▶▶▶▶▶▶▶▶▶▶▶▶▶▶**151**

第1章 SNSを使いこなそう

1.1 SNSとは何か

1.1.1 ソーシャル・ネットワーキング・サービス

SNSは「ソーシャル・ネットワーキング・サービス」の略称です。このことはみなさんもよくご存知ですね。

では、「ソーシャル」とはどのような概念でしょうか。「社交」という訳語を当ててしまうと、その意味合いはぼんやりしてしまいます。それよりも、「複数の個人の双方向・多方向でのやり取り」のように記述したほうが、現在のSNSの本質を正確に表しています。

また、「ネットワーキング」も普段使わない言葉ですね。こちらは「つながりをつくる行為」「ネット上のコミュニケーション」などと言い換えたほうがよさそうです。

新聞やテレビなどでは、SNSを「会員制交流サービス」などと呼ぶことがあります。たしかに、初期の頃のSNSの多くは、投稿内容を閲覧するために会員登録をする必要があるなど、会員になることが強く利用者に求められていました。なかには、誰かに招待されないと使い始めることができない(会員になれない)SNSもあったほどです。

しかし、こうした狭い意味での「会員制」という性質は、最近のSNSには当てはまらなくなりつつあります。たとえば、SNSの代名詞的な存在であるFacebook(フェイスブック)では、利用者の設定次第で、投稿内容がGoogle(グーグル)の検索結果上などにも表示され、Facebookの利用登録をしていない人も読むことができます。

また、大学生はTwitter(ツイッター)やInstagram(インスタグラム)をよく使いますが、TwitterやInstagram上に投稿された文章や写真の多くは、会員登録の有無にかかわらず、インターネット上の誰もがアクセスできま

第1章　SNSを使いこなそう

す。そのため、これらのサービスはSNSではなく、「ブログ」と書かれることも少なくありません。

　本書では、SNSを「複数の個人が双方向・多方向につながることを支える機能を提供するサービス」、つまり、個人が一人以上の相手とインターネット上でコミュニケーションするためのツールと定義します。この意味では、TwitterもInstagramも、SNSと呼ぶことができます。

　スマートフォンを利用する中学生、高校生、大学生のほとんどがLINE（ライン）を使います。LINEは、メールによく似た「メッセンジャー」の一つとして扱われるのが普通です。一対一またはグループ内の利用者どうし、無料で通話やチャットができ、その内容が外からは見えないという点が特

2

徵です。Skype（スカイプ）など、LINE よりも前に登場したメッセンジャー
アプリにはなかった、プロフィールやタイムラインなどといった新しい機
能が LINE にはあり、中学生、高校生、大学生の間ではそれらもよく使わ
れています。こうした機能の存在に注目すると、LINE も広義の SNS とと
らえることができます。

1.1.2　SNS の 5 つの要素

　多くの SNS に共通する要素が 5 つ存在します。これらの要素に着目す
ると、SNS と呼べるサービスかどうか、見きわめることができます。こ
れは、みなさんが SNS を使い分けるときの目安になります。

　一つ目の要素は、メールアドレスを登録する必要があるなど、「アカウ
ントの取得」が利用の前提になっていることです。運営側が個人を特定で
きることが、利用者が双方向・多方向につながる活動を支える基本になっ
ているからです。そのため、SNS を使い始める際には、ID とパスワード

SNS
5 つの要素

1. アカウントで特定できる
2. プロフィールがある
3. ダイレクトメッセージ
4. 時系列の「タイムライン」表示
5. グループが組める

SNS を使い分けるときの
目安になるので、
要チェック！

第 1 章　SNS を使いこなそう

の組み合わせを必ず 1 つ登録することになります。

　アカウントという概念がないサービスは、たとえサービス上で利用者間に双方向のつながりが見られても、本書では SNS として扱いません。たとえば、古いタイプの掲示板サイトである「2 ちゃんねる」[1] がこれにあたります。

　二つ目は、プロフィールの機能を備えていることです。利用者どうしがつながるために、お互いのプロフィールを知ることが重要な鍵になります。相手がどんなバックグラウンドと興味関心の持ち主かがわからなければ、やり取りが促されないからです。Facebook のように、現在よく使われている SNS では、プロフィールの項目は多岐にわたり、運営事業者側は、記入漏れを減らすことを強くすすめています。みなさんがこうした SNS を実際に使っていると、しばしば、まだ書かれていないプロフィールの記入を促すメッセージが表示されるでしょう。

　三つ目は、利用者間でダイレクトメッセージを交換する機能を提供していることです。ダイレクトメッセージとは、自分と相手との間だけで行う外部には非公開のやり取りのことを指します。SNS の利用者は、いつも複数の相手に発信しているわけではなく、特定の相手とだけやり取りをしたいこともあります。そうしたニーズを満たすため、相手のメールアドレスなどを知らなくても、同じサービスの利用者どうしが、一対一で他人の目に触れずにメッセージ交換できるのが普通です。この機能は、普通は、ブラウザやアプリで SNS を開いているときに使えるようになっていますが、たとえば Facebook では、メッセージ機能だけを独立させたアプリ（Facebook メッセンジャー）としても提供されています。メッセージ機能だけを使いたいときには、Facebook アプリを立ち上げずに、Facebook メッセンジャーアプリを開いて使うことができます。この点から見ると、LINE は、ダイレクトメッセージの機能に特化してスタートした、珍しいタイプの SNS ととらえることができます。

　四つ目は、タイムライン（投稿された時間の新しい順番に並べて表示する）機能があることです。人によっては、SNS といえばタイムラインのこ

1：2 ちゃんねるは、2017 年 10 月から「5 ちゃんねる」へと名称を変更しています。

1.1 SNSとは何か

グループ機能は、SNSの重要な要素！

とを思い浮かべるかもしれません。自分の投稿、あるいはSNS上の「友だち」の投稿が、時系列上に表示されます。タイムラインには、文章だけでなく、写真や動画も投稿することができます。いまでは、利用者が選んだ「友だち」以外に、広告主からの投稿がランダムに表示されることも普通になっています。

　最後に五つ目は、グループ機能があることです。グループのことをコミュニティと呼ぶSNSもあります。複数の「友だち」で構成されるグループのなかで、特定の話題を継続的に共有できるのは、SNSならではの大きな魅力です。

第 1 章　SNS を使いこなそう

1.1.3 「無料なのに高機能」を支えるしくみ

　無料で提供されていながら、SNS はたくさんの機能を備えています。それを当たり前のようにみなさんは思っているかもしれません。しかし、高機能の SNS を運営するには多額のコストがかかっています。いつアクセスしてくるかわからない多数の利用者のために、大がかりなハードウェアとソフトウェアを 24 時間 365 日動かし続ける必要があるからです。

　SNS 運営事業者が支払うコストの多くは、広告によって支えられてい

広告収益が運営を支えている

6

ます。SNS 運営事業者は、SNS 上に広告を表示することで収益を得ています。ここでいう広告は、新聞やテレビでよく見る広告とは少し違います。また、運営事業者によっても、広告の種類に微妙な違いがあります。

　SNS 運営事業者の出す広告は、いわゆるインターネット広告の一つです。インターネット広告をいくつか比較してみましょう。SNS ではなく、Yahoo! などのポータルサイトや新聞社が運営するサイト、さらにはブログサイトなどをパソコンで見ると、広告がたくさん表示されるでしょう。これらの広告は、いつも同じではなく、ページの内容次第で、あるいは利用者の年齢や地域に合わせて、異なるものが掲出されます。利用者が多いサイトほど、一つの広告がより多くの人の目に触れ、1 クリックで自社サイトへ誘導できる確率も増えるので、広告主にとっては魅力的です。サイトの運営事業者は、広告によって自社サイトへ誘導した利用者数に応じて、広告収益を得ることができます。ただし、こうしたインターネット広告の掲出には多額の費用がかかるので、掲出できるのは、テレビ CM や新聞広告を出せるような、ごくわずかな数の大企業に限られます。

　SNS 運営事業者にとっても、広告主から広告費を受け取って広告を掲出することは、重要な収益源になっています。ただ、前段落のインターネット広告と異なるのは、SNS では、利用者一人ひとりに、広告がきめ細かく「出し分け」られるという点です。ポータルサイトなどの運営事業者には知ることが難しかった利用者の性別や年齢、趣味・嗜好、居住地、出身地から卒業した学校の名前まで、利用者一人ひとりのさまざまな属性情報を、SNS の運営事業者はプロフィール機能の登録などを通じて把握しています。SNS 運営事業者は、それらを活用することで、特定の属性をもつ限られた利用者に対してだけ、ちょうどよい特定の広告を表示させることが可能です。したがって広告主にとっては、高い費用対効果（広告にかけたお金に対してどのくらいクリックや購入などの反応を得ることができるか）が期待できるのです。また、きわめて少額、みなさんがお小遣いで支払えるような金額から広告が出せるので、どんなに小さな会社でも気軽に、SNS の広告を利用できるようになりました。

　どのような SNS でも、使い始めるときにはアカウントを取得しなければならず、SNS を利用しているときには、プロフィールをできるだけ詳

第1章　SNSを使いこなそう

しく書くよう通知表示によってたえず運営事業者から促されます。その理由は、そうした情報が、利用者間の交流を促し、よりよいコミュニケーションを行うためだけではなく、運営事業者がSNSを運営・維持するために必要不可欠だからなのです。

　この点に限っていえば、利用者は、SNS運営事業者にとって「お客様」というよりはむしろ「商品」に近い存在になっています。これを知ったうえで、SNSを使うことも必要です。

　SNSのなかには、いわゆる「課金」という形で、利用者から対価を得るものもあります。たとえば、LINEの（有料）スタンプは、最もわかりやすい「課金」でしょう。利用者の負担する金額はごく少額なのが普通ですが、多数の利用者を集めることができているSNSであれば、大きな収益になります。スタンプやゲームのアイテムなどの課金は、SNS広告と並んで、運営事業者にとって収益を得る魅力的な手段の一つになっています。

1.2 🛜 やさしいようで奥が深い SNS の利用

1.2.1 SNS 経由のコミュニケーションは案外難しい

　インターネットを介したコミュニケーションのなかでも、SNS のコミュニケーションはとても手軽で便利です。実際、インターネット上で誰かとやり取りをするとき、みなさんのほとんどは、メールよりも SNS のダイレクトメッセージ機能を使うことが、はるかに多いのではないでしょうか。また、SNS のダイレクトメッセージ機能は、友人がたまたま使っていたからとか、SNS の存在をたまたま知って試しに使ってみたとか、誰かに教わることなく、ちょっとしたきっかけで使い始めた人が多いのではないでしょうか。はじめは使い方がはっきりとわからなかったけれど、使っているうちに何となく使えるようになったと思っていませんか。ところが、本人は使えている気になっていても、本当は、少なくとも安全には、使えていない場合が多いのです。

　Twitter では、さまざまな人のつぶやきが時系列に表示されます。これは、タイムラインと呼ばれています。みなさんのなかには、Twitter のタイムライン上で、Twitter の返信機能を使って、複数の友だちと個人的なやり取りをしたことがあるかもしれません。より具体的に臨場感をもって近況を伝えようと、写真や動画を入れることも珍しくないでしょう。そのときみなさんは、返信しようとしている友だちのことしか頭になかったに違いありません。

　たしかに、タイムラインへの投稿で、友だちに自分の近況を伝えるような使い方は、本来の SNS らしい利用方法です。しかし、SNS 経由での友だちとのコミュニケーションで、ごく個人的なことがらまで公にしてしまう人も、少なくありません。もちろんこのことは大学生に限ったことではなく、社会人や子をもつ親に至るまで、あらゆる世代の人に見られます。

　また SNS の利用そのものに関わる悩みも、若い人からそうでない人まで、あちこちから聞こえてきます。代表的な悩みは「メッセージを送った相手やグループのメンバーから、思ってもみなかった反応が返ってきた」

第 1 章　SNS を使いこなそう

「グループでのやり取りを追い続けるのが負担」、そもそも「自分の気持ちがうまく文章で表現できない」などといったものです。

　そうした悩みや不安、過去の失敗への後悔から、SNS 経由でのコミュニケーションは必要最小限の事務的な連絡にとどめ、グループへの参加や、近況のアピール、個人的な気持ちのやり取りは、なるべく避けるようにしているという人もいます。

　大人になってからインターネットに出合った世代とは異なり、いまの大学生世代は、中学生や高校生の頃から、メールやメッセンジャーの利用にはずっと慣れているはずです。それにもかかわらず、上記のように、周囲との SNS 経由のコミュニケーションを難しいと感じてしまうのはなぜでしょうか。

1.2 やさしいようで奥が深い SNS の利用

見えるコミュニケーションで安心！

SNS はまた別物！
普段のコミュニケーションの
延長線上で考えては
キケンだよ！

SNS 上に不適切な投稿をしてしまうことで、いわゆる「炎上」のような
トラブルが起こります。いまの大学生世代は、「炎上」を避けるための知
識は、中学生や高校生の頃から学習しているでしょう。ところが、SNS
経由のコミュニケーションについては、「日常的なコミュニケーションの
延長線上で使えばよい」「意識しなくても普通に使えている」「特別に考え
なければいけないような難しいものではない」などと考えて、上手に使う
ための知識や技術を軽視しがちです。

SNS 上でのやり取りは、デジタル機器を介し、インターネットを経由
して行うものですので、会話や手紙、それに電話などとは異なるコミュニ
ケーションです。そのときどきの利用者の目的に合わせて、使う SNS を
選択することや、オンラインでのコミュニケーションの特性そのものにつ
いて、学習することが必要なのです。

第 1 章　SNS を使いこなそう

1.2.2　SNS は目的に合わせた使い分けが必要

　一般に、人はコミュニケーションするとき、まずどのような状況でコミュニケーションを行うかを考えます。専門的には、これを「話者世界を想定する」といいます。たとえば「ここはやけに暑いね」と言われても、狭い部屋の中で言われる状況と砂漠の真ん中で言われる状況では、当然、受け取り方が変わります。

　オンラインコミュニケーションでは、特定の相手とのメールや SNS のダイレクトメッセージなのか、あるいは掲示板サイトや Twitter のような開かれた空間なのかによって、相手（情報の受け手）の数は大きく変わります。また、SNS のサービスによって、利用している年齢層や利用の中身、情報の流れ方や残り方に違いが見られます。コミュニケーションの方法をこれらの違いに合わせて変えることや、そもそも、最適な経路を選ぶことが必要です。

　コミュニケーションの状況がわかったうえで、相手をよく知っているか、よく知っている人であれば、その人がどのような知識をもった人であるかを考えます。たとえば同じ「顔色が悪いね」でも、それをお医者さんに言われるのと、友人に言われるのとでは、受け止め方は大きく変わります。とはいうものの、オンラインではないコミュニケーションでは、お互いが相手の身元を理解していることがほとんどでしょう。また、たとえ初対面でも、顔を合わせることで、相手の素性はかなりの程度把握できるからです。

　一方オンラインコミュニケーションでは、相手の身元や立場、専門性などがわかっているかいないかによって、コミュニケーションの方法は変わります。

　たとえばインターネットでの公開型の掲示板サイトなどでは、お互いに相手の身元がわからないことが利用の前提になっている場合もありますが、SNS であれば、利用するサービスの設計や運営方針によって、また利用の履歴を見れば、相手の身元をかなりの程度まで知ることが可能です。

　したがって、SNS によるコミュニケーションを考える際には、まず何のためのコミュニケーションなのか、目的をはっきりさせる必要があります。そのうえで、オンラインでないコミュニケーションの前提を踏まえ、

1.2 やさしいようで奥が深いSNSの利用

ダイレクトなコミュニケーションと
SNS活用の違い

　自分の目的に合ったサービスや機能、設定を都度選択するという順序を踏む必要があるわけです。その際、それぞれのSNSサービスの違いや構造、インターネットメディアの特性を知らないと、そうしたことができなくなるわけです。ここにオンラインコミュニケーションを学習する意味があります。

1.2.3　誰もが直面する「SNS疲れ」

　SNSには、利用者相互のやり取りを増やすためのさまざまなしかけがあります。たとえば、どのSNSにも見られる「いいね！」ボタンは、投稿を読んだ側が、何らかのアクションを起こす際の心理的ハードルを下げる役割を果たしています。ある投稿に対してふさわしいコメントを書き込むことはおっくうなときでも、ボタンを押すだけなら簡単だからです。
　しかし、SNS運営事業者は「複数の人のつながりを支えるため」に、日々機能を改善し続けています。とりわけ、成功しているSNS運営事業者は、利用者の間で何らかのやり取りが起きるのを、のんびりと待ち続けている

13

第 1 章 SNS を使いこなそう

わけではありません。一件でも多くの記事や写真・動画を利用者が投稿するように、また、より頻繁にサービスにアクセスするように、さまざまなしかけを日々開発し、導入しています。利用者は、そうしたしかけにたえず慣れるよう促されているのです。

また、投稿への他者の反応が、利用者にとって次の投稿への引き金になっています。「いいね！」の数のように、他者の反応は「見える化」されてい

ます。他者の反応が数字で示されることで、利用者の承認欲求が満たされ、次の投稿への動機づけになるわけです。他者からの反応があるたびに、利用者のスマートフォンに通知され、利用者はその中身を確認しようとSNSにさらにアクセスするようにもなります。

人は周囲とのつながりの一つひとつに喜びや手応えを感じながら暮らしてきました[2]。ですから、同じ相手とのつながりに飽きたり、つながりの内容自体に不満を覚えたりするということはあっても、「つながりが多すぎて疲れる」という状況はこれまで経験してこなかったのです。

しかし、SNSでやり取りのできる人数と範囲は、かつて人が経験してきた規模をはるかに超えています。SNSには場所の制約がありませんし、お互いの時間のタイミングを合わせる必要もありません。SNS利用者のなかには、数百名の「友だち」とつながり、日夜その動静が自分のタイムラインに流れ込み続けるという人もいます。たとえ友だちの数がそこまで至らないにしても、ほとんどすべてのSNS利用者に、運営事業者側から常に、やり取りを増やす圧力がかかっています。

SNSはたしかに便利なものです。しかし、そうしたSNSというサービスが本質的にもつこうした性質や、対面でのコミュニケーションとの具体的な差について知らず、周りの人たちが使っているからという理由から、周囲に流されるまま受け身の姿勢で利用していると、いずれ「SNS疲れ」が訪れます。SNSと適切な距離感を意識して保つために、知っておくべきことがいくつかありそうです。

1.2.4　SNSを活用するためには知識と経験の両方が必要

これまでは、SNSについては、あって当たり前のものとして、あれこれ深く考えることなく、何気なく接していた人がほとんどでしょう。しかし、うまく付き合おう、上手に使おうとすると、知っておくべきことはいくつもあります。第2章以降では、情報の収集・発信など、SNS利用の

2：最近の脳科学の研究では、人間がアフリカの草原で狩猟採集生活をしていた頃から、集団で外敵から一人ひとりの身を守り、集団で生活するのに最適化された脳のしくみをもっていることを明らかにしています。たとえば、かつて人は集団で子育てをするのがふつうでした。（http://www.nhk.or.jp/special/mama/archive1.html を参照）

第1章　SNSを使いこなそう

具体的な場面ごとに、知っておくべきことを説明します。

　ただし、何ごとも、知識を学べばすぐ上手に使えるようになるわけではないというのは世の常です。SNSもその例外ではありません。普段はLINEだけしか使っていないという人は、これを機会に、ぜひ他のSNSにも目を向けてみましょう。

1.2 やさしいようで奥が深い SNS の利用

たとえば、Twitter はさまざまな情報収集のどの段階で、どのように使うのが効果的でしょうか。Instagram は、自分の写真を公開する自信はもてなくても、ファッショントレンドを探ったり、美味しいお店を探したりするのに役立つかもしれません。

また、大学一年生のうちから Facebook との上手な付き合い方を研究した人のほうが、就職活動が間近になってあわててアカウントをつくり直す人よりも、就職活動はうまく進むでしょうし、社会人になってからも公私ともに一歩先を行く使い方ができると思いませんか。あるいは、サークルやゼミ、アルバイト先などでオンラインのグループをつくり、連絡を取り合うときに使う SNS としては、LINE 以外に、もっとよい選択肢はないでしょうか。

本書では知識を学ぶだけでなく、ぜひ SNS との普段の付き合い方を何か一つでもよいので変えてみましょう。ときにはヒヤリとするような失敗もあるでしょうし、学んだはずの知識がそのままでは通用しないこともあるでしょう。ひょっとしたら、一部の SNS の利用頻度がいまよりぐっと下がるかもしれません。

しかし、そうした大学生の間にできる試行錯誤や、経験の積み重ねこそが、みなさんがこれから長い人生で実力を発揮する場面では、強力な備えになっていきます。上手に使うことで、時間や場所の制約から解き放たれるインターネットの可能性を、身近な SNS を通じて、ぜひ自分のものにしていきましょう。

17

第1章 SNSを使いこなそう

第1章のまとめ

SNSを介したコミュニケーション

1. SNSとは、複数の個人が双方向、または多方向につながることを支える機能を提供するサービスのことをいう。
2. SNSを利用する際には、はじめにアカウントを登録することが必要になる。
3. SNSでは、利用者にプロフィール（自己紹介）の登録が推奨されている。プロフィールは、利用者どうしのやり取りを促す。
4. SNSでは、自分自身や複数の知り合い、購読中の他者の投稿を時系列に並べて表示させることができる。これをタイムラインと呼ぶ。
5. SNSには、広く第三者の目に触れるタイムラインとは別に、特定の個人とだけやり取りするダイレクトメッセージ機能がある。
6. SNSには、特定の興味関心や活動を共有するメンバーがやり取りをするためのグループ機能がある。
7. SNSは、やり取りの機能を複数提供することで、現実世界のそれに近いコミュニケーションを実現している。
8. SNSの運営コストの多くは、広告収益によってまかなわれている。SNSでの広告の特徴は、広告主が訴求したいSNS利用者の属性を詳細に決め、ピンポイントに出稿できる点にある。
9. SNSを主体的に積極的に使うためには、まず使う目的を明確することが必要である。

第2章 SNS活用がなぜ重要なのか

2.1 SNSのもつ大きな力への期待

　SNSには大きな力があります。それは人を動かす力です。

　たとえば、2010年から2011年にかけての中東や北アフリカ諸国における大規模な民主化運動には、デモ参加への呼びかけや対外的な情報の発信にSNSが効果的に使われ、複数の国で長期政権が交代する原動力の一つとなりました（いわゆる「アラブの春」）。

　企業では、広報担当者による公式の報道発表だけに頼らず、SNSへの書き込みを重視する動きが強まっています。株価の上昇や、商品・サービス販売増への即効性があると考えられているのです。

　タレントや政治家が、自分自身の言葉で発信することも当たり前になりました。米国のトランプ大統領がSNSへ発信すると、国際情勢や企業の

もはや、SNSは全世界に影響力をもつ！

第2章　SNS活用がなぜ重要なのか

動向に影響します。

　SNS利用は自分には関係がない、ごく限られた人のためのものと理解をしている人や、SNS利用の価値は理解できるが失敗したときの危険が大きいのでなるべく避けていたいと考える人が少なくありません。

　中学生や高校生であれば、それでよいかもしれません。しかし、大学生や社会人になっても、そのままで大丈夫でしょうか。

2.1.1　従来型メディアとSNSの違い

　人と人とが情報を伝え合う経路のことを、コミュニケーション・チャネルと呼びます。コミュニケーション・チャネルを通して情報を伝える際の道具がメディア（媒体）です。広い意味では、言葉そのものもメディアです。SNSもメディアの一種です。新聞、雑誌やテレビなど、従来型のメディア（ここでは主にマスメディア）と比べながら、SNSのメディアとしての特徴を見ていきましょう。

情報の流れは一方向か、双方向か

　従来型メディアでは、情報の受け手のことを読者とか視聴者と呼びます。どちらも、情報に受け身で接する側の立場を、そのまま簡潔に表している言葉です。これらの呼び方でもわかるように、情報の流れは新聞社やテレビ局などの発信者から、受信者への一方向です。

　それに対し、一般に「SNSを使っている人」を表すための専用の言葉はありません。SNS利用者は、それぞれが対等な立場で、発信も受信も行えるからです。SNSというメディアでは、利用者間に双方向の情報の流れがあるのが前提になっています。

メディア運営のコストが下がり、誰もが発信可能に

　従来型のメディアの情報発信には、一般に、大きなコストがかかっています。情報発信の拠点となる新聞社やテレビ局を個人で運営することは現実的にはほぼ不可能でしょう。個々の記事やニュースなど、情報をつくり、伝えるために、取材、撮影、編集、印刷、配送・放送などのそれぞれの段階ごとに、数多くのスタッフが関わります。従来型のメディアは、ごく一

部の専門家集団によって運営され、発信者と受信者という構造は長らく固定されていたのです。

　一方、SNSを含むインターネットの場合には、個人が情報発信の拠点をもつのは簡単で、運営にかかるコストもきわめて安価です。取材、撮影、執筆などの必要な作業を個人が自分ひとりでこなすことも不可能ではありませんから、結果として、個人が広い範囲へと情報を発信できることになります。

　さらに、SNSとスマートフォンの普及によって、インターネットを利用した情報発信のハードルは、いっそう下がりました。いまや、スマートフォンが一台あれば、無料のSNSアプリを使うことで、その場からインターネットを経由して動画を生中継することができるのです。

　他の人と情報をやり取りしたいという欲求は、根源的で自然なものです。その情報交換の相手を、目の前にいる相手だけにとどめず、地理的・時間的に拡大させたきっかけは、太古の文字の発明でした。さらに、中世から近現代にかけて、印刷技術が生まれ、通信や放送の技術が発展・普及した

第 2 章　SNS 活用がなぜ重要なのか

ことで、わたしたちの情報交換は確実に変わったのです。
　さらに、わずかこの 20 年間ほどで、わたしたちの社会にインターネットや SNS が急速に普及したことで、情報の発信に必要な初期コストや技術的な知識による制約は事実上なくなりました。誰もが広く社会全体に向かって発信できる新しいメディアが誕生したのです。

複数の専門家がチームで仕事に取り組む従来型メディア

　目の前にいる気心の知れた相手に話しかける場合と、目の前にいない相手や広く社会全体に向かって情報を発信する場合とでは、求められる技術は大きく異なります。話をするだけならともかく、あらたまって手紙を書くとなると、気が重いという人は多いでしょう。さらに、大勢の人の前で話しをするとか、不特定多数の人に読まれる文章を発表するとなると、自分にはとてもできないと思い、逃げ出したくなる人はもっと多くなること

でしょう。

　その理由は、それぞれの場にふさわしい、相手に通じるようなわかりやすい話し方や書き方というものがあること、いったん発信した情報の訂正も容易ではないこと、それなりの責任を伴う作業だということを誰もが知っているからです。

　情報自体が売りものでもある従来型のメディアは、個々人の適性を判断したうえで、長い時間をかけて、記者、カメラマン、デスク、校閲など、社員に対して、情報の出し手にふさわしい技術を身につけるための訓練を行っています。また、そうした訓練を受けた専門家が、一人ではなく、複数名でチームを組んで一つの仕事をすることが当たり前になっています。そうして、発信する情報の信憑性や倫理性を担保しようとしてきたのです。

　残念ながらそこまでしていても、ときには誤報も見られますし、取材される側への不十分な配慮などの諸課題がすべて解決できているわけではありません。それでも、従来型のメディアから流れてくる情報は、相対的には一定の信頼感をもって、受け取られることが普通です。

一人きりでも発信できてしまうSNS

　ところが、SNSを含むインターネットに参加しているのは、そのほとんどが、情報の取り扱いについて何の訓練も受けたこともない素人です。また、発信までの過程においても、異なる技術をもつ複数のメンバーが足りない技術や専門性を補い合ったり、相互に内容の正確性や表現の妥当性を確認し合ったりすることは例外的です。多くの場合、個人が、一人きりの判断で、取材、撮影、執筆から発表（送信）までを進めます。

　そのため、インターネット上に発信される情報には、説明がわかりにくいもの、間違いを含むものも少なくありません。また、倫理性についての判断もおろそかになりがちです。

　さらに、いったん発信された情報は、共有の手続きが簡単で、知人間でのやり取りであることも手伝い、特にSNS上では、他者に対する配慮に著しく欠ける内容や、ときには意図的に悪意のある内容までもが、そのまま発信されてしまう例が多く見られます。

第 2 章　SNS 活用がなぜ重要なのか

2.1.2　SNS 活用が望まれる背景

　人口の増減、産業構造や家族構成の変化、情報流通経路の変化などで、社会は大きく変化しており、その変化の方向を見定めることが、以前より難しくなっています。たとえば、いまの大学生が社会に出て就く職種や仕事の中身の多くは、保護者世代が就職した頃には存在もしていなかったものです。それだけでなく、大学生が経験するこれから10年間の社会の変化の大きさは、保護者世代が経験した20代の10年間とは、まるで違うものになるでしょう。

　わたしたち個人はもちろん、営利組織から公共機関までのあらゆる組織

にも変化に対応することが求められています。学校教育だけではとても足りず、生涯にわたり絶えざる学習が必要です。状況判断のための情報収集も欠かせません。そのときにわたしたちは、従来型メディアだけに頼っていても大丈夫でしょうか？

　また、社会人が直面する仕事の距離的な範囲も広がり、遠隔地にある取引先や組織内の他拠点とのやり取りが増えているようです。いちいち直接会って対面で打ち合わせをするほど、移動に時間と費用はかけられないため、オンラインでのやり取りが日常的になっています。海外とのやり取りであれば、距離に加え、時差のことも考えなければいけません。国内であっても、すでに一部の業種・職種では、お互いに時間を拘束される電話（通話）までもが、特別な場面でのみ選択されるべきコミュニケーション手段と見なされています。非同期の双方向型コミュニケーション手段であるSNSの活用は、今後、仕事を進めるうえで必要不可欠です。

　また、仕事を離れたプライベートでも、SNSの活用ができるかできないかで、生活の質が大きく左右されます。生活スタイルの多様化で、直接

第2章　SNS活用がなぜ重要なのか

顔を合わせたコミュニケーションの機会は、以前よりもつくり出すことが
難しく、希少な価値をもつものになりつつあります。友人知人はもちろん、
地域や趣味の人間関係などで、深くつながるべき人を見つけ、人生をより
豊かなものとするきっかけの場として、SNS が期待されています。

情報の伝わる速度

　SNS では誰でもが、受信した情報をそのまま、あるいは自分の意見を
加えたうえで、すぐに再発信することが可能です。SNS を普段から利用
している人にとっては、Twitter の「リツイート」、Facebook の「シェア」
という機能はおなじみでしょう。
　情報がどのような広がり方をしていくのかを予想することは難しいもの
の、SNS 利用者の間での情報伝播の速度は、とても速いということは確

拡散により、SNS では新しい情報、ユニークな情報は
あっという間に広がる。

実です。一方、従来型のメディアでは、発信者から不特定多数の受信者へ同時に情報が伝わるので、一見すると伝播の速度は速いように思えます。しかし、その後の受信者間での伝播の手段は対面などに限られるため、ぐっと遅くなります。二次的な情報伝播の速度まで考えた場合には、SNSに一歩譲るところがあります。

なお最近では、「テレビを観ながらツイートする」（より正確には「Twitterのタイムラインを眺めながらテレビも観ている」）という視聴スタイルの存在が広く知られるようになり、従来型メディアの側でも、自分たちの番組の内容を視聴者間にさらに広げるために、SNS上での情報発信を促す取り組みを番組と同時にしかけることが普通になりました。

また、速報性に富む（伝播の速度が速い）だけでなく、一般にインターネットは、情報蓄積の面でも従来型のメディアに勝る存在になりえます。ただし一部のSNSでは検索機能が十分でなく過去の投稿へのアクセスが難しくなっています。利用者には自らの用途に合ったSNSを選択する力が求められるでしょう。

これからも、従来型メディアとSNSは、補い合う存在として使われていくと考えられます。

情報の多様性や専門性

従来型メディアの役目は、さまざまな受け手に向けて情報を発信することです。従来型メディアでは、「わかりやすく」伝えることの優先度が高くなりがちです。

また、従来型メディアでは、一度に発信できる情報量に限界があります。たとえば新聞記者が取材して作成した原稿は、紙面に掲載されるまでの編集の過程で、文字数が減るのが普通です。テレビ放送でも、放送時間は有限ですから、撮影された膨大な記録のなかで、実際に使われるのはごくわずかな割合にすぎません。結果として、受け手の数が多い媒体ほど、最大公約数の受け手にわかりやすく、編集された情報だけを発信することになります。

また、従来型のメディアでは、ある一つのできごとに対して、すべての専門家による意見を紹介することも現実的ではありません。対立する二つ

第2章 SNS活用がなぜ重要なのか

SNSなら、さまざまな情報が飛び交う！

程度の見方を紹介するのが限界です。まだ定説になっていないような新しい見方の多くは、受け手に伝わることがないのです。

　一方、SNSを含むインターネット上には、従来型メディアのように「掲載紙面のページ数（文字数）」や「割り当て放送時間」などの制約はありません。また、購読している読者層に合わせて、彼らが理解できる水準まで、専門的な用語や求められる予備知識などを削っていく必要も絶対ではありません。

　その結果、SNS上には、ごく限られた受け手にしか理解できないかもしれないものの、示唆に富んだ情報が第一線の専門家から数多く発信されています。また情報量が充実している記事や、信頼できるリンク先を参照させることで、さらに深く学べるよう初学者に配慮した投稿も見られます。

　さらに、複数の専門家の間で先端的な議論が交わされることもある点は、場所や時間の制約を受けずに知り合いどうしの情報のやり取りを可能とするという、SNSの特徴が現れているといえるでしょう。

従来型メディアの特徴をまとめると、「情報が簡潔によく整理されている」反面、「物足りない」「踏み込み足りない」「舌足らず」という印象を与えることも少なくありません。一方、SNSでは「情報が充実している」反面、「情報が多すぎる」「情報の質のばらつきが大きい」ため、わたしたち利用者には、情報を絞り込む力や選別する力が必要になります。

2.1.3　日本のSNS利用

SNSの利用のあり方は、国や文化によって大きく異なります。また国ごとに、インターネットの普及率や主な利用機器に差があります。日本に住むわたしたちが当たり前だと思っていることは、諸外国においては案外そうでもありません。

まず、日本のインターネット利用について見ていきましょう。一般家庭におけるインターネット利用は、1995年頃から始まりました。その後、10年を経ずに利用者の人口比率は5割を超え、2014年の時点で9割に達しています。これは北米や欧州主要各国と同じ水準です。ちなみに中国で5割弱、インドでは2割弱の人しかインターネットを使いません[1]。

続いてインターネットの利用時間について見てみましょう。日本での平均的な利用時間は、パソコン経由で一日あたり3時間9分、モバイル機器経由で57分間です。これは、米国（同パソコン経由4時間19分、モバイル機器経由2時間2分）や、中国（パソコン3時間17分、モバイル3時間4分）、インド（パソコン4時間37分、モバイル3時間22分）などと比べると、短いことがわかります[2]。

SNSの利用率（月あたりのSNS利用者数を人口で割ったもの）は、日本では51％にとどまります。UAE（99％）、韓国（83％）やシンガポール（77％）のようなトップグループからの隔たりは大きく、米国（66％）、中国（57％）

1：ITU "World Telecommunication/ICT Indicators 2015" http://www.itu.int/en/ITU-D/Statistics/Pages/stat/default.aspx
http://www.itu.int/en/ITU-D/Statistics/Documents/statistics/2016/Individuals_Internet_2000-2015.xls

2：We are Social "DIGITAL IN 2017: GLOBAL OVERVIEW" http://wearesocial.com/uk/blog/2017/01/digital-in-2017-global-overview、https://wearesocial-net.s3.amazonaws.com/uk/wp-content/uploads/sites/2/2017/01/Slide034.png

第2章　SNS活用がなぜ重要なのか

と比べても低い利用率です。ちなみに、「アラブの春」の舞台の一つとなったエジプトで、SNSの利用率（37％）がことさらに高いわけではないのは興味深いところです[3]。

　SNSのサービスごとの利用率を主要各国で比較してみましょう。日本は、Facebook、Twitter、チャット系SNSのいずれも4割前後にとどまっています。米国・英国ではFacebook利用率が8割を超え、米国・英国・韓国・シンガポールで約5割がTwitterを利用しているのと比べると、低い水準といえます[4]。

3：We are Social "DIGITAL IN 2017: GLOBAL OVERVIEW" http://wearesocial.com/uk/blog/2017/01/digital-in-2017-global-overview、https://wearesocial-net.s3.amazonaws.com/uk/wp-content/uploads/sites/2/2017/01/Slide043.png
4：総務省「平成26年版情報通信白書」SNSの利用有無と匿名・実名利用の比率 http://www.soumu.go.jp/johotsusintokei/whitepaper/ja/h26/html/nc143120.html

2.1 SNSのもつ大きな力への期待

　SNS利用者数の伸び率（前年比）を見ると、日本は中国と並び、国際平均程度（21%）でしかありません。インド（40%）、インドネシア（34%）のように高成長を続ける国では伸び率が大きくなっています。一方、米国（11%）、韓国（9%）のSNS市場はすでに飽和しているようです[5]。

　SNSに費やす時間の平均を見ると、日本では一日あたり40分にとどまり、諸外国と比べると驚くほど控えめです。フィリピン（4時間17分）やブラジル（3時間43分）、SNS利用者が増え続けるインドネシア（3時間16分）、インド（2時間36分）では利用時間が長くなっています。日本が、韓国（1時間11分）、ドイツ（1時間9分）などと同様に平均利用時間が短いにもかかわらず、「SNS依存」が社会問題化しているのはなぜなのでしょうか[6]。

5：We are Social "DIGITAL IN 2017: GLOBAL OVERVIEW" http://wearesocial.com/uk/blog/2017/01/digital-in-2017-global-overview、https://wearesocial-net.s3.amazonaws.com/uk/wp-content/uploads/sites/2/2017/01/Slide045.png
6：We are Social "DIGITAL IN 2017: GLOBAL OVERVIEW" http://wearesocial.com/uk/blog/2017/01/digital-in-2017-global-overview、https://wearesocial-net.s3.amazonaws.com/uk/wp-content/uploads/sites/2/2017/01/Slide047.png

第 2 章　SNS 活用がなぜ重要なのか

　この問いを考えるためには、日本のインターネット利用の状況が、世代ごとに大きく異なる点を知っておく必要があります。

　日本のインターネットの利用率は、13 歳から 49 歳ではいずれも 95％を超えています。しかし、相対的に人口の多い年代である 60 歳から 69 歳の利用率は 76.6％、70 歳から 79 歳の利用率は 53.5％にとどまっています[7]。

　また、動画系メディア利用については、10 代（34.2％）、20 代（25.1％）の利用率と比べ、50 代や 60 代では 6.4％から 4.3％にとどまり、大きな差が見られます[8]。

　主要な SNS について順に見ていきましょう。まず、LINE では 20 代以下の利用率が 62.8％であるのと比べ、50 代の利用率は 27.8％と、半分にも満たない数です。Twitter も、20 代以下の 52.8％が利用していますが、50 代では 24.3％と、やはり利用率は半分以下にとどまります。一方、Facebook の利用については 20 代以下で 49.3％、50 代で 30.8％と、LINE や Twitter ほどの大差はつかないのが特徴的です[9]。

　このような世代間の差は、インターネットを使った情報発信行動についても見られます。

　20 代では、「SNS に文章を投稿する」（53.9％）、「SNS に写真、動画などを投稿する」（47.3％）、「SNS やブログで、他人の投稿にコメントを投稿する」（34.5％）といった、情報発信行動について積極的な回答の比率が高く、「閲覧のみで、文章の書き込み、写真や動画、コメントの投稿はしたことがない」のような受け身の利用傾向は 37.2％にとどまります。逆に、50 代では、「閲覧のみで、文章の書き込み、写真や動画、コメントの投稿はしたことがない」（63.5％）の回答比率が高く、「SNS に文章を投稿する」（23.2％）、「SNS に写真、動画などを投稿する」（20.8％）、「SNS やブログで他人の投稿にコメントを投稿する」（16.9％）は、低い傾向です[10]。

7：総務省「平成 27 年通信利用動向調査」年齢階層別インターネットの利用状況の推移 http://www.soumu.go.jp/main_content/000445736.pdf
8：総務省「平成 27 年情報通信メディアの利用時間と情報行動に関する調査」コンテンツ類型ごとのメディアの利用時間と行為者率 http://www.soumu.go.jp/iicp/chousakenkyu/data/research/survey/telecom/2016/02_160825mediariyou_houkokusho.pdf
9：総務省「平成 27 年版情報通信白書」http://www.soumu.go.jp/johotsusintokei/whitepaper/ja/h27/html/nc242220.html

　日本全体でのSNS利用の状況を諸外国と比べてみると、大学生のみなさんにとっては意外に感じられる結果もあります。その要因の一つには、利用状況の世代差がありそうです。

　最後に、匿名利用率に目を向けてみましょう。FacebookやLINEなどと違い、Twitterは実名利用や知人どうしの利用を前提としていませんが、米国・英国・シンガポール・韓国での実名利用率は約5割から6割に達しています[11]。日本では実名のみでの利用は2割を切っており、その理由や利用行動に与える影響が注目されます。

10：情報処理推進機構「2016年度情報セキュリティの倫理に対する意識調査」インターネット上への情報発信・投稿の状況（スマートデバイス）http://www.ipa.go.jp/files/000056564.pdf
11：総務省「平成26年版情報通信白書」Twitterの実名・匿名利用 http://www.soumu.go.jp/johotsusintokei/whitepaper/ja/h26/html/nc143120.html

第 2 章　SNS 活用がなぜ重要なのか

2.2 SNS 活用の実例

　Twitter や Facebook への不適切な投稿がきっかけとなり、就職の内定を取り消された大学生の話など、SNS 利用に関する失敗談は、みなさん何度も聞いたことがあるでしょう。ところが、活用の成功例について聞く機会は、これまで少なかったかもしれません。

　失敗談に比べると、SNS での成功例を目にすることが少なかった理由の一つは、SNS は、「うまく使えて当たり前」の道具だからです。わたしたちが車を運転して目的地に移動するのは当たり前で、大きな交通事故が起きない限り、ニュースになりません。同じように SNS での特異な失敗事例のほうがニュースの価値は高いのです。

　しかし、みなさんがこれから SNS の活用を意識して、SNS との接し方を変えるにあたっては、成功のイメージを具体的にもっておくことは大切です。第 3 章以降で SNS 活用の技術を具体的に学ぶ前に、ここで、成功

2.2 SNS 活用の実例

例をいくつか見ておきましょう。

2.2.1　来場者数を3割増やした動物園

　最近では、SNSを利用した情報発信やマーケティングは、珍しくありませんが、企業が顧客との心理的な結びつきを強めるなどの中長期的な効果が期待されていることが多いようです。しかし2013年に、ある動物園の公式アカウントがTwitterに投稿したツイートは、わずか半月の間に来園者数を3割も増やすという成果をあげました。また、その情報が伝播していく流れがわかりやすい事例としても知られています。

流しカワウソのギャップ萌えでローカルな施設が全国区に

　舞台となったのは千葉県にある市川市動植物園です。飼育員が設置したウォータースライダー状の遊具を、コツメカワウソが楽しむ様子の動画が、流しそうめんならぬ「流しカワウソ」として話題になりました。そのタイミングで、園の公式アカウントが「流れずにパイプに詰まっている」カワウソの画像を掲載したのです。7月10日水曜日の夕方のことです。本来なら樋の上を流れていくはずのカワウソが、流れずに、カメラ目線で写っ

ている様子の写真がメインになったツイートでした。ネーミングと現実の
ギャップに、小動物の可愛らしさが相まって、普段であれば2桁程度にと
どまるというリツイート数は、市川市動植物園の公式アカウントとしては
記録的な、7,000件にも達しました。その後、市川市公式アカウントも同
じ写真をFacebookに投稿し、3,000件以上の「いいね！」を獲得していま
す。

　すぐにテレビ局が、この季節感たっぷりの美味しいネタに気づきます。
翌々日の7月12日金曜日には、NHKを含む、在京のキー局がこぞって
ニュース番組などのなかで取り上げたことで、首都圏における「流しカワ
ウソ」の認知度はその週末のうちに急上昇したものと思われます。その結
果、「夏枯れ」が普通の7月中の同園の来園者数は、前年比で3割も増加
しました。決して大規模な施設ではありませんが、首都圏近郊以外からの
来園者の獲得にも成功しました。

　公立の動物園には、広告宣伝予算の余裕がないのが普通です。しかし、
市川市は、実質運用費がゼロ円で済むTwitter公式アカウントを運用して
いたおかげで、この1件のツイートをきっかけに、わずか半月で成果を出
せたのです。

　この事例で注目すべき点は、SNS上で情報が伝播する鍵を握っている
のは、必ずしも文章や写真などの表現技術が優れていることではないとい
う点です。カワウソが流れない写真は、プロのカメラマンが撮ったもので
はないでしょう。むしろ、普段から動物たちを間近で見ている飼育員にし
か撮れない一枚だったと思われます。そしてその写真に添えられた文章も、
コピーライターの作品ではなく、素直で素朴な文章でした。

　いくら話題になっていても、SNSはまだごく一部の人だけが接するメ
ディアでしかありません。ツイートのヒットをテレビが追いかけて、しか
もそれらが短期間に集中的に放映されたことで、「世間の話題になってい
る」状況がつくられ、夏休みの到来と相まって、本当に来場者が増えると
いう成果につながったのです[12]。

12：スポニチアネックス「流しカワウソ　大人気！ネットで大ウケ 来園者3割増」(2013年8月2
　日) http://www.sponichi.co.jp/society/news/2013/08/02/kiji/K20130802006339660.html ほか

2.2 SNS活用の実例

高機能ノートの大量在庫をツイートで一掃した孫

　SNSへの投稿によって経済的な効果が得られた事例としては、「在庫の山だったおじいちゃんの方眼ノートを売り切った」ツイートが有名です。

　2016年の元日に、ノートの製作者の孫娘が、小さな印刷所を営む祖父のオリジナルの方眼ノートが窮地に陥っている状況について、Twitterに投稿したのです。普通のノートのように真ん中がふくらんで閉じてしまうことなく、どのページでも水平に開いたままになるので書きやすいという、優れた技術的な特徴をもっていたノートでしたが、製作者サイドに販売や宣伝のノウハウがないことが原因で、2014年10月に発売はしたものの、世間に知られることはありませんでした。2015年末の時点で7千～8千冊もの在庫を抱えていたのです。ところが100文字に満たない孫娘のツイートは、ノートの特長と製作者の窮状が読み手に伝わるものでした。共感を呼び、リツイート数が3万件を超えるほどの大きな反響を得たことで、

第2章　SNS活用がなぜ重要なのか

ノートの存在は「欲しかった人」に直接伝わりました。ネット通販などを経由して、当時の在庫はすぐに一掃されました。またその後、大手の文具メーカーとの提携が実現し、より本格的な販売展開にまでつながったのです[13]。

　この事例では、SNS上でのツイートの広がりが、短期間での在庫の一掃にまでつながっています。しかし、その後のメーカーとの提携については、全国紙での報道がきっかけになったと報じられています。これも、SNSとマスメディアの両方の特徴が、補い合う形で活かされた事例といえるでしょう。

2.2.2　個人での表現の場を拡大

　これまで見てきた成功事例は、動植物園や印刷所といった組織にとっての経済的な効果が明らかなものでしたが、個人としての表現の場を広げることができたという成功事例にも目を向けましょう。

幸運に恵まれただけではなく SNS 巧者だったピコ太郎

　2016年の下半期に楽曲「PPAP」(ペンパイナッポーアッポーペン) を世界的にヒットさせた歌手、ピコ太郎さんの華々しい活躍は、誰の記憶にも新しいところでしょう。

　実はキャラクターとしての「ピコ太郎」は、2011年1月にはライブに初登場していました。それからずいぶんと間が空いた2016年の8月末に、YouTube (ユーチューブ) に公開したPPAPの動画が、広く知られるきっかけになりました。

　国内での初期の伝播に活躍したのは、Twitter や MixChannel (ミックスチャンネル。高校生などに人気の、短時間の動画を投稿するアプリ)、そして Instagram でした。しかも、単に元動画の URL が伝わる場としてではなく、自分でも真似をする、いわゆる「踊ってみた」動画をアップロードした利用者が少なくなかったのです。フォロワーの多い利用者について

13：withnews「「おじいちゃんのノート」注文殺到 奇跡生んだ偶然」(2016年1月5日) ほか
　　http://withnews.jp/article/f0160105002qq000000000000000W00o0201qq000012896A
　　http://withnews.jp/article/f0160804000qq000000000000000W00o10101qq000013801A

2.2 SNS 活用の実例

は、ピコ太郎自身が積極的に共演するなどして、話題を広げる取り組みも続き、PPAP 元動画の再生回数は、9 月末までのわずか 1 か月で軽く数百万回に達しました[14]。

また同時期には、海外の SNS 上でも元動画とカバー動画の両方が拡散を始めました。米国の TIME や CNN、英国の BBC といったマスメディアでも取り上げられ、海外の人気歌手がツイートで紹介するなどして、それらの相乗的な効果で、PPAP ならびに関連動画は、10 月第一週の YouTube 週間再生回数ランキングで世界一となりました。ここまで到達するのに、最初の動画が公開されてからわずか 1 か月ほどだったのです。その後の PPAP の国内での流行ぶりや、テレビを通じて SNS とは無縁の層にも急速に浸透していった様子は、みなさんもよく知るとおりです。

もちろん海外の人気歌手にツイートされたという幸運もあるでしょう。しかし、こうした世界的なヒットを、直接的な製作・宣伝コストをほとんどかけずに達成できた理由は、決して運だけではないと考えられます。細

14：ねとらぼ「ダメだ、もう耳から離れない！ピコ太郎の歌う「ペンパイナッポーアッポーペン」が世界中でヘビロテ」http://nlab.itmedia.co.jp/nl/articles/1609/27/news126.html ほか

第2章　SNS活用がなぜ重要なのか

部まで考え抜かれ、つくり込まれたきわめて短い楽曲[15]、インパクトの強いビジュアル、あえて日本語を使わないなど、SNS上で伝播しやすい要素の組み合わせで素材を制作しています。他のSNS利用者との共演やカバー動画の推奨などは、SNSでの情報拡散のかんどころをピコ太郎本人がよく理解していたからこそしかけられたわけで、それこそが世界的ヒットの本当の秘密だったのではないでしょうか。

Instagramで世界にデビューした中学生

　最近では、Instagramも、個人が活躍する表現の場として注目されています。テキスト中心のTwitterや、「作品」レベルの動画が投稿の中心であるYouTubeとは異なり、写真共有SNSとしてスタートしたInstagramは、より直感的なコミュニケーションが可能という特徴で知られています。

　現在は、短い動画も共有することが可能で、プロモーションやブランディングとも相性がよいことから、公式アカウントを開設・運営する企業や地方自治体も少なくありません。言葉の壁を越えやすいメディアとして、日本から海外への発信にも、数多く使われています。

　表現の場としてのInstagramを個人で上手に活用できた代表例として、

インスタグラムで個人をブランディング！

必ずあげられるのは、中学生でデビューした Mappy さんです[16]。現在、そのフォロワー数は 15 万人近くにのぼります。彼女の Instagram への投稿は、日常的な風景の写真や動画でありながら、その切り取り方や画像の加工のセンスなどに特徴があります。世間の流行にとらわれることなく、オリジナルなファッションやメイクのアイデアを発信する姿が国内外のファッションブランドの目にとまり、これまでに三越伊勢丹の公式インスタグラマーを務めるほか、GAP のアンバサダーやメルセデス・ベンツのファッション・ウィークにも起用されています。

シンガーソングライターのメジャーデビューを支えるツイキャス

シンガーソングライターがメジャーデビューを果たすためには、路上ライブなどで実力を磨いたうえで、レコード会社などに自分の楽曲を送るなどの手段が一般的でしたが、SNS が大きな変化をもたらしています。SNS 上の動画の評判で、メジャーデビュー後の売れ行きを予測できるためです。

国内でよく使われている SNS の一つが、スマートフォンと無料アプリだけでどこからでも動画中継ができる「ツイキャス」[17] です。そして、ツイキャスを活用してメジャーデビューを果たした代表格が、兵庫県出身のシンガーソングライター井上苑子さんです。中学生の頃に大阪の心斎橋で路上ライブを始めたというなかなかのキャリアの持ち主です。いまでもツイキャス上で見ることができる、2012 年当時の彼女の配信には、総視聴者数がわずか 90 人というものも残ります。その後、手売り CD を 1 万枚売るなど、路上ライブで実力を磨いた後、2013 年に上京します。「ヒマだった」「周囲で流行っていたから」とふたたびツイキャス配信を始めると、今度はわずか半年で総視聴者数が 100 万人を超えたとされます[18]。彼女が 2015 年に 17 歳の若さでユニバーサルミュージック（EMI）からメジャーデビューを果たせたのは、地道に磨き上げてきた音楽面での実力に加え、SNS を上手に活用できたからだといえるでしょう。

15：JCAST ニュース「PPAP はサウンド的にもスゴかった　DJ 諸氏をうならせた「秘密」」（2017 年 1 月 16 日）http://www.j-cast.com/2017/01/16288187.html

16：https://www.instagram.com/bopmappy/

17：http://twitcasting.tv/

18：http://www.universal-music.co.jp/inoue-sonoko/biography/ ほか

第 2 章　SNS 活用がなぜ重要なのか

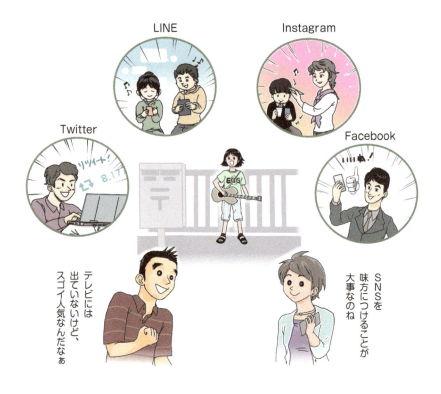

2.2.3　組織での活用例

組織による取り組みの広がりと課題

　SNS の活用に取り組もうとする組織は増えています。

　情報の「発信」と「収集」の両方が、従来よりも低コストで実現できることは、営利企業はもちろん、公的な団体にとっても大きな魅力だからです。スマートフォンの普及とともに、SNS 利用者の裾野が広がっていることも、組織による取り組みの追い風になっています。

　総務省の調査によれば、ソーシャルメディアサービスを「活用している」とする企業の数[19] は、2013（平成 25）年の 15.1％から、2015（平成 27）年

19：総務省「通信利用動向調査（企業編）」http://www.soumu.go.jp/johotsusintokei/statistics/statistics05b2.html

2.2 SNS 活用の実例

には 23.2 ％へと増えています。地方自治体でも、情報提供手段としてFacebook 等の商用 SNS を「活用中」との回答は 28.3 ％、メールマガジンなどとの比較で、Facebook 等の SNS を「最も活用中」とする回答も 17.1 ％[20]にのぼっています。また、SNS 活用の利点としては「即時性、手軽さ、情報の拡散力に優れる」（88.8 ％）、「広域（全国・海外など）への情報発信が容易である」（64.2 ％）、「財政負担・労力が少なくてすむ」（54.6 ％）がトップ 3 を占めます。

　企業での SNS 活用については、「大企業ほど取り組みが進み、中小企業は遅れている」といった先入観をもたれがちですが、実際にはそのように単純ではありません。

　2015（平成 27）年の通信利用動向調査（企業編）から、まず企業規模を従業員数で見てみると、「活用している」との回答率は、従業員数 300 人未満の企業の 20.3 ％と比べ、同 5,000 人以上の企業では 73 ％であり、大きな開きが見られます。しかし、1,000 人以上 2,000 人未満の企業での活用率

20：総務省「平成 25 年版情報通信白書」http://www.soumu.go.jp/johotsusintokei/whitepaper/ja/h25/html/nc121320.html

第 2 章　SNS 活用がなぜ重要なのか

が 36.8％であるのに対し、より人数が多い 3,000 人以上 5,000 人未満の企業では 23.3％にとどまっています。「従業員数が多いほど SNS を活用できる人材も多く、利用は活発化する」という単純な話ではありません。

つぎに、企業規模を売上高営業利益率で見た場合は、20％以上の高収益企業層（活用率 33.6％）と、マイナス 10％未満の不振企業層（同 25.7％）の両方で、活用率が平均を上回っており、活用率が最も低い（同 18.9％）のは「5％以上〜10％未満」と「マイナス 5％〜0％未満」の層でした。「SNS 活用率」と「儲かっている企業かどうか」の間にもわかりやすい相関は見られないのです。

唯一、企業の売上高規模と SNS 活用率には相関が見られます。売上高 1,000 億円以上の企業では、41.2％が活用していますが、売上高が小さくなるほど活用率は下がり、5 億円未満の企業では、15％にすぎません。

このように、企業の SNS 活用に温度差が生まれる背景としては、「SNS を活用できる人材が不足している」「（組織としての）取り組み手法がわからない」「ソーシャルメディアへの心理的なハードルの高さ」などが理由としてあげられています [21]。また、地方自治体でも、「人材・ノウハウの不足」や「効果・メリットの不明確さ」が問題点の上位にあがってきます [22]。

組織による取り組みの目的と実際

経済産業省の行った 2016 年の調査では、企業による SNS の活用目的を、「販売促進」「認知向上」「製品開発」「サポート」「その他」の 5 領域に分類しています。

このうち、「販売促進」や「認知向上」のように、企業から顧客への「情報拡散」は、SNS 活用の基本といえるでしょう。たとえば、コンビニエンスストアチェーンのローソンは、LINE、Twitter、Facebook、Instagram のそれぞれにおいて、数万人から一千万人を超えるフォロワーがいます。登

21：経済産業省「ソーシャルメディア情報の利活用を通じた BtoC 市場における消費者志向経営の推進に関する調査報告書」（2016 年 3 月、日経 BP 社）http://www.meti.go.jp/press/2016/04/20160411002/20160411002.html
22：総務省「地域における ICT 利活用の現状等に関する調査研究報告書」（2014 年 3 月、株式会社野村総合研究所）図表 I-45 ソーシャルメディア利活用の問題点 http://www.soumu.go.jp/johotsusintokei/linkdata/h26_07_houkoku.pdf

2.2 SNS活用の実例

場の当初から、LINE広告を使いこなしています。昼食の時間帯に特定商品の半額クーポンを送って、多数の顧客を店舗に誘導して、スマートフォンとSNSを組み合わせれば、認知度向上だけではなく、広告出稿がそのまま具体的な売上につながることを世の中に知らしめました。最近では、クーポン広告に頼るだけでなく、サンプル配布の感想をTwitterに投稿してもらうキャンペーンで、売れ筋ではなかった商品をヒットさせるといった成果もあげています。

双方向型のコミュニケーションが可能なツールというSNSの特性を活かし、「顧客との関係構築」や「サポート」さらには「顧客を知り、開発に活かす」企業も出てきています。

たとえば、リッチモンドホテルの運営会社では、SNSを企業からの情報発信ではなく、もっぱら、顧客のクチコミの収集に活用しています。同ホテルチェーンの宿泊予約の7割以上が、インターネット経由になっているという現状から、宿泊後の感想がSNSや外部の宿泊予約サイトなどに書き込まれる数も少なくないためです。顧客満足度向上の材料集めに有用

第 2 章　SNS 活用がなぜ重要なのか

企業も自治体も SNS…　就活前にマスターせねば…

と考えています。またその際、書き込まれたコメントに一喜一憂するのではなく、定量的に把握された「似たようなコメント」の原因を追及し、運営を改善することを重視しているといいます。

　公共団体での取り組みでも、SNS を通じて効果的な情報発信に成功する事例は珍しくありません。たとえば、2017 年に警視庁警備部災害対策課がツイートした「懐中電灯をランタンに替える活用術」[23] は、この種の防災情報としては異例の計 8 万件以上のリツイートと「いいね！」を獲得しています。

　また、2016 年に流行した「恋ダンス」を、キャロライン・ケネディ前駐日米国大使を含む米国大使館職員が「踊ってみた」動画は、公開から 3 か月で 700 万回を超える再生回数を記録しました。クリスマスに向けた対外広報（外交）の一環として、わずか 3 日間で制作された動画でしたが、公

23：https://twitter.com/mpd_bousai/status/836797698321887232

2.3 結局は一人ひとりの力に帰結する SNS 活用

開直後にテレビのニュース番組にも取り上げられたことで、一日で再生回数が 288 万回に達し、その後も SNS 上で順調に拡散が進みました。大使館の YouTube 公式チャンネルの視聴回数は 60 倍になり、登録者数も 4.5 倍に増加するなど、米国の対日外交のコミュニケーション経路を広げました[24]。

2.3 🛜 結局は一人ひとりの力に帰結する SNS 活用

これまで、個人や組織が SNS の活用に成功した事例を見てきました。さらに詳しく見ていくと、企業や地方自治体などの組織であっても、特定のメンバー個人がその成否を握っていたケースは少なくありません。

2.3.1 担当者の異動・退職と公式アカウント

テーブルマーク株式会社

冷凍食品などを手がけるテーブルマーク株式会社は、企業による Twitter 活用のごく初期の成功例として有名です。2009 年 10 月に目標を 200 人として開設された同社公式アカウントのフォロワー数は、他社がフォロワー数の獲得に苦労するなか、一年あまりで 3 万人を超えました。

この成功は、誰にも相談せずに独断でアカウントを開設し、日々のツイートを実際に担当していた、同社のコーポレートコミュニケーション部の部長によるものでした。部長は「商品の宣伝は極力せずに、コミュニケーションの頻度を高めることで、いい会社だと思ってもらう」と運用の方針を定めていました[25]。

毎朝「おはようございま　すうどん」とツイートを始め、「恐れ入ります」の代わりに「おそれいりこだし」や「おそれいりま　すうどん」といった、ダジャレめいたごく柔らかい表現を連発しながら、同社の商品はもちろん、広くうどん全般について、平日休日を問わずに、フォロワーのツイートへ

24：『広報会議』2017 年 4 月号「米国 PR のパラダイムシフト」
25：日本経済新聞「1 万人をタダでつかんだカトキチとすき家の極意　ビジネスツイッター総点検」（2010 年 5 月 4 日）http://www.nikkei.com/article/DGXNASFK3003K_Q0A430C1000000/

第 2 章　SNS 活用がなぜ重要なのか

の積極的な応答を続けていきました。その結果、フォロワーの間では同社の商品に対する愛着が深まり、商品に関連する社外からのツイートが増えていきます。こうして、Twitter 界隈で「カトキチのうどん」が話題になることが増え、そのおかげかどうかはわかりませんが、特に商品宣伝はしていないのにもかかわらず、生産が追いつかないほどに主力商品が売れました。

　ところが、開設から一年あまりが経過した 2010 年末には、同社は旧社名を冠した公式アカウントの運用を突然やめてしまいます。担当だった部長の退職が影響したのではないかと報じられています[26]。その後、ごく普

26：日本経済新聞「「中の人」交代に潜むツイッター企業活用のリスク」（2010 年 12 月 9 日）など
　　http://www.nikkei.com/article/DGXNASFK0800V_Y0A201C1000000/

48

通の方針で運用されている新アカウントのフォロワー数は、現在でも5千人に届いていません。組織のアカウントの隆盛が、個人の力に大きく左右された事例といえます。

東急ハンズ

東急ハンズのTwitter公式アカウントの一つ「ハンズネット」も、初代の名物担当者が退職したことで知られています。

初代担当者による6年間にわたるツイートの内容は、女優のファンを公言するものや2013年のエイプリルフールでは競合他社名を名乗るものがあり、なかには5万件を超えるリツイート数を記録するものもありました。他社アカウントとの積極的な掛け合いも複数見られました。文具メーカー公式アカウントとのやり取りがきっかけで、実際に商品企画され、発売された商品が、一瞬で売り切れるというエピソードまで残っています。

第 2 章　SNS 活用がなぜ重要なのか

　その後、担当者が二代目に代わり、雰囲気は真面目になりましたが、Twitter のプロフィール欄に「中の人「ヒナ」が運用中！」と明言し、初代担当者との方向性や自由度の違いを正面から伝えたこともあって、同アカウントはいまでも 6 万人以上のフォロワーに支えられ、健在です。

NHK

　「Twitter 担当者」の交代を何度も経験しているのが、NHK の広報局が開設している公式アカウントです。同アカウントの初代担当者は、2009 年から 2014 年まで担当した後、NHK を退職し、独立後は執筆などで活躍しています。その後を引き継いだ二代目の担当者も 2015 年には担当を離れ、いまでは二名体制の三代目が担当しているようです。

　初代担当者の実力が最大限に発揮されたのが、東日本大震災時の対応です[27]。地震が起きたそのとき、たまたま自席で業務中だったという担当者は、地震のわずか 1 分後から NHK 広報として情報を積極的にツイートし続けます。その後数日間、ほとんど休むことなく続いた同アカウントからの発信のなかには、無断でインターネット中継されていた NHK テレビの映像の URL をリツイートするという、後から責任を追及されてしまうかもしれないような、思い切ったものも含まれていました。

　同アカウントの初代担当者が目指していたのは、NHK という堅い組織が、視聴者と双方向につながることのできる新しい経路づくりでした。その目的達成のため、普段から書き手の「人格」を前面に出した、柔らかな内容・表現のツイートを心がけた結果、震災前でも 12 万人のフォロワーを獲得していましたが、震災後にはフォロワーを倍近くに増やし、初代担当者の退職時には、フォロワー数が 60 万人に達していました[28]。

27：ほぼ日刊イトイ新聞「NHK_PR さんがユルくなかった 4 日間の話。」（2012 年 12 月 17 日）
　　https://www.1101.com/nhk_pr/2012-12-17.html
28：その後、2016 年には、NHK 側からの外部アカウントのフォローをすべて外すという大きな
　　変化も乗り越え、現在の同アカウントのフォロワー数は 160 万人を超えています。http://
　　withnews.jp/article/f0160425002qq000000000000000G00110701qq000013334A

2.3 結局は一人ひとりの力に帰結するSNS活用

2.3.2 多様な「中の人」が存在する組織の魅力

　組織が大きくなるほど、組織の中と外とを隔てる壁は高くなり、外部とのコミュニケーションは行いにくくなります。また、大きな組織の間ではコミュケーション手段としての広告宣伝の内容や表現方法、製品そのものの差異は小さくなる傾向にあります。組織にとっては厳しい状況です。そのなかでSNSは、組織の中と外との経路を多様化し、企業と顧客・見込み客、企業と社会とのつながりを強めるのに役立つと考えられています。

　個人での利用はもちろん、たとえ組織が運営する場合も、SNS利用の成功は、他者に対して顔が見える関係がうまくつくれるかどうかにかかっています。SNS活用に成功している組織においては、「個人」を感じさせるSNS運用方針が当たり前になっています。機会を見つけては、積極的に「中の人」を露出させるようにもなっています。

SNSは「顔の見える関係」が大切！

第2章　SNS活用がなぜ重要なのか

シャープ

シャープの Twitter 公式アカウントは、同社がリストラの発表や株価の
ストップ安、海外資本による買収といった同社の直面する厳しい状況にも
かかわらず、ときには自虐的ともいえるほどの、肩の力が抜けた優れた表
現のツイートを続けたことで有名です。ツイートの内容のほとんどは、同
社製品の利用に関わるツイートへの返信です。そのなかには、本来であれ
ばサポート業務が対応するような内容も多数含まれています。そうした積
み重ねが功を奏して、現在の同社アカウントは、同業他社の公式アカウン
トと比べ、はるかに多い、40万人近いフォロワーを集める人気ぶりです。

担当者は、広告関連の部署に所属していた2011年6月に同アカウント
を立ち上げ、現在も担当しています。「企業ツイッターはことばで地道に、
共感を介して未来のお客さんを耕す行為」[29] という方針を徹底し、同アカ
ウントのフォロワーとのつながりは強いものとなっています。ツイートそ
のものの宣伝色はきわめて弱いにもかかわらず、フォロワーの86%が「今
後、シャープ製品を買うことがあれば、シャープ公式アカウントのことが
脳裏をよぎると思う」と回答するほどです。

またこの取り組みで、同アカウントの担当者は2014年に大阪コピーラ
イターズクラブ最高新人賞を、2016年には公益財団法人大阪広告協会の
「やってみなはれ佐治敬三賞」も受賞しています。いずれも、従来であれ
ば広告会社などのクリエイターに対して与えられる賞であり、広告主にあ
たる企業側の、しかも公式SNSアカウントの担当者が受賞したこと自体、
きわめて異例でした。

JAL

JALの販売促進部門で働く男性が、同社のキャビンアテンダントを中心
とした「踊ってみた」動画に登場し、その素人ばなれしたダンスで話題に
なっているのは、「中の人」露出のよい例でしょう[30]。

29：モノカキモノ会議「中（の人の）中―公式ツイッターで考えた、ことばとか広告のゆるくない
　　話―」（2016年12月2日）http://monokakimono.jp/report161202/
30：マイナビニュース「JAL岡本さんがニコニコ超会議で踊るわけ―「本気のJAL」が目指すもの」
　　（2017年4月19日）http://news.mynavi.jp/articles/2017/04/19/jal/

2.3 結局は一人ひとりの力に帰結するSNS活用

　同社は若年層にもファンを増やすために、競合他社が登場しない動画サイト主催のイベントにも出展するなどの取り組みを続けています。さらに2016年からは、学生時代から本格的にダンスに取り組んできた一般の社員を主役に、オリジナルの動画を作成、配信するに至りました。これは「踊ってみた」動画が、SNS経由で伝播しやすいことを理解した取り組みです。2017年版の動画では、ボーカロイドの初音ミクとのコラボレーションでのオリジナル曲を用意するなど、対象とした若年層に注目されるためのしかけも本格的なものでした。

　その結果、普段から注目されている接客部門のスタッフだけでなく、バックオフィスにも多様で魅力的な人材がいることが、外部に伝わりました。狙いどおり、SNSをよく使っている若年層に、同社ブランドに親しみをもってもらえるような、新しい魅力を示すことができたのです。

第 2 章　SNS 活用がなぜ重要なのか

福岡市市長

　地方自治体による SNS コミュニケーションでも、成功している事例はやはり「個人」の魅力や能力・経験が、組織に縛られずにうまく発揮されている場合です。

　たとえば福岡市の高島市長は、スマホアプリのニュース上の見出しで、同市長の信用に関わる誤記を見つけてすぐに、ユーモアを交えた訂正投稿を SNS に発信しました。また 2016 年、同市内の地下工事中に、その上部の道路が崩落した大きな事故でも、事故原因や復旧対応についての情報を、Facebook や Twitter を使って、市長個人の言葉で的確に、かつわかりやすく伝えました。

　どちらも、そのまま放置したり、不適切な反応をしたりすれば、地域としての福岡市の中長期的な評判が傷つき、国内外からの観光客数や、企業の投資意欲などを損なう結果につながる恐れがある状況でした。あるいは、公式の広報ページなどに発信する方法では、掲載のタイミングが遅い可能

SNS は、迅速でわかりやすいコミュニケーションが可能！

性や、掲載後も迅速に情報が広がっていかなかった可能性がありました。地方自治体による危機管理広報の好例だといえるでしょう。

同市長は、プライベートの投稿時にはハッシュタグ（p.59 参照）を軽やかに使いこなすなど、普段の SNS 利用にもうまさが見られます。市議会での論点となっていた屋台の営業について、Twitter 上で問いかけたことがあるなど、SNS が広く市民の声を聴くことのできる双方向型メディアであるという特徴も、よく理解されているようです。市長は自治体の最高責任者であり、SNS への投稿について、上司に決裁を仰ぐなどの必要がありません。また、同市長が 40 代とまだ若いことや、もともと、地元テレビ局のアナウンサー出身ということもあって、視聴者の心をつかむ自己表現のポイントを身につけているなどが追い風になっているという事情もあるようです。

2.3.3 若い世代への SNS 活用の期待

モノが余り、モノの価格が下がり、業種を超えて顧客に「消費してもらう時間」の取り合いになっている昨今、製品やサービスの価値を高めるだけでは、組織の競争優位や顧客満足はつくり出しにくくなっています。その組織のもっている考え方や目指している方向性、組織を構成するメンバーの多様性や可能性などの魅力を上手に表現して社会に伝え、適切な関係を築いていくことが、営利企業、公共団体のいずれにとっても、重要な課題になっています。

また、顧客を含め、組織内外からの期待が個別化、多様化していくなかでは、組織からの一方通行の発信だけでなく、組織の外の状況や、顧客・利害関係者などの思いを積極的かつきめ細かく理解し、製品やサービスの開発など、組織の運営に取り込んでいくことが課題になっています。

これらの課題の解決はいずれも、従来の広告宣伝や、マスメディア経由の広報だけでは成し遂げられないもので、コスト対効果の側面からも、SNS の活用が求められています。そして、組織の中と外をつなぐ SNS 活用の取り組みは、外から顔が見えにくい大きな規模の組織ほど、より強く求められます。また、組織の外との独自の関係づくりに取り組むうえでは、これまで不利とされてきた「人口の少ない地域に立地している」「規模が小

第2章　SNS活用がなぜ重要なのか

人格が見えるSNS！

さい」「最終消費財を扱っていない」などの条件をもつ組織にとっても、距離の制約がなく、これまでよりもはるかに小さなコストで取り組めるSNSには、大きな可能性があります。

　組織がSNSを活用して外部とのつながりの創出、維持や強化に取り組む際には、「個人」としての担当者の個性をいかし、アカウント自体を一つの人格をもった存在として運営することが望まれます。ところが、経済産業省の調査では、企業がSNSを活用していない理由として「人材や知見がない」が第一位になっています。つまり、SNSを活用した外部とのコミュニケーションの重要性を理解してはいるが、それを任せられる人材が組織内に見当たらない、どのように手をつければよいかわからないという企業が多いのです。つまり、SNSを仕事にも使いこなせる人材は、どの組織においても歓迎されるということでしょう。

　初期のSNS活用では、組織としての取り組みを強化するにしても、前掲のシャープのように、代表する公式アカウント一つの活性化に集中して

2.3 結局は一人ひとりの力に帰結するSNS活用

いれば十分でした。つまり、全社を代表して仕事をする広報や販売促進などごく限られた部門の担当者がSNSを理解して、運用できれば、それで間に合っていたわけです。

しかし、今後はそうはいかなくなります。特定の商品やサービスの企画開発から販売・サポートに関わる一連の業務を、一つの事業プロジェクトとして扱い、そのなかで、損益や事業の成否を評価することが珍しくなくなっているからです。その業務のなかには、当然、SNSを用いたコミュニケーションも含まれるので、プロジェクト内のメンバーのSNS活用の上手・下手が、それぞれのプロジェクト全体の明暗を分ける大きな要因の一つにもなり得るのです。

さらには、外部からは見えない、「社内SNS」を用いたコミュニケーションを取り入れる大企業も少なくありません。こうなると、上手にSNSを活用できることが全社員に要求されています。その人の仕事がうまく進むかどうかも、SNSを使った情報収集や発信の技術に大きく左右されてし

まうのです。

　SNSの活用力を高めることは、もはや誰にとっても無縁の話ではありません。そしてSNSを活用する力は、一朝一夕に習得できません。知識を学べばよいだけでなく、試行錯誤する経験が必要不可欠だからです。大学生のうちから「意識してSNSと向き合うかどうか」が今後のみなさんの人生にも影響するのです。

第2章のまとめ

個人にとって

1. SNSを使うと、誰もが広く社会に向けて手軽に、しかも無料で情報発信できる。
2. SNSでは、様々な情報を受けとることができる反面、誤った情報を受けとったり情報過多になったりする。情報を選別する技術を身につけることが利用者に必要である。
3. 日本では、若い世代、特に20代は、発信と受信の両方に積極的であるが、50代までの年配の世代は、受信はするがあまり発信しない。60代以上になると、そもそもSNSを使わない人が多くなる。
4. 海外に比べ日本では、匿名でSNSを利用する人の割合が高い。
5. SNS上の話題は、その後、マスメディアに取りあげられることではじめて、より多くの人に知られるようになる。
6. SNSを使って個人が商業的に成功するためには、運に頼るのではなく、話題性を高める努力と技術がなければならない。

組織にとって

7. 日本では、売上高の大きい企業ほど、SNSの活用率が高くなる。
8. 組織での成功事例の多くは、組織の中の特定の個人が、その人のアイディアで始めている。そのため、その個人が組織を去ると、SNS活用がうまくいかなくなることもある。
9. 組織におけるSNS活用の成功の可否は、組織の考えや社会的な使命、さらには、メンバーの多様な個性を社会に伝え、他の個人や組織と円滑にコミュニケーションできるかどうかにかかっている。
10. これからの組織におけるSNS活用は、SNSを使えるメンバーが多くいること、そして、そうした人たちが組織的に取り組むことが求められる。

第3章 SNSによる情報収集の技術

3.1 情報収集手段としてSNSを使うときの注意点

　2000年にGoogleが検索サービスを始めて以来、何か調べたければインターネットを使うのが、ごく当たり前になりました。2008年にiPhoneが登場してからは、どこでもその場で調べられるようになり「調べものはまずインターネットで」という傾向は完全に定着した感があります。

　さらに、SNSが普及したことで、最近ではGoogleやYahoo!といった検索サービスすら、もう使わないという利用者も見られます。たとえば、ファッションやグルメなどについては、Instagram上でハッシュタグ[1]や位置情報を使って検索したほうが、自分の好みを見つけやすく、間違いがないというのです。Instagramでハッシュタグをクリックすれば、同じタグがついた他の写真も簡単に見つけられます。Instagramのユーザーは、旅先やお気に入りのお店などで、そのときどきに自分がよいと思った写真を投稿します。日本中、世界中のユーザーが思い思いに投稿した写真であるにもかかわらず、ハッシュタグを使うことで、特定のテーマに関する写真を効率よく集められます。そうして集まった写真を見比べると、自分の好みのお店やファッションを、直感的に見つけ出せるというわけです。一般的な検索サービスのように文章中心の結果よりも、直感的に探しやすいと感じるようです。

　またSNSであれば、必要なときに検索する使い方以外に、フォローしている相手の投稿が自動的に配信されてきて常に情報が集められます。たとえば、ニュースで知った事件の経過を知るために、その特定のニュースに関連するSNSのアカウントをフォローすることができます。

　もともと情報発信の手段として注目されることの多いSNSですが、特

1：ハッシュマーク「#」（半角）がついてタグのようになったキーワード。

第3章　SNSによる情報収集の技術

定の場所やできごとに関わりの深い情報を集めるための手段としても、大きな魅力をもっています。ここではまず、SNSを使って情報収集を行う際の注意点を確認しておきましょう。

3.1.1　情報はパーソナライズされている

　他人のSNSのタイムラインを目にすることは滅多にありませんので、つい忘れがちですが、そもそもSNSでは、すべての利用者に同じ情報が表示されているわけではありません。

　テレビや新聞など従来型のメディアではもちろんのこと、インターネット上のニュースサイトであっても、同じ番組、同じ新聞、同じサイトにアクセスする限り、見る人すべてに同じ情報が表示されていました。

　しかしSNSでは、誰をフォローしているのかによって、利用者のタイムラインに表示される投稿はまったく違います。隣にいる友人がスマートフォンでみなさんと同じTwitterアプリを開いていたとしても、目にしているのは、一人ひとりの好みに合わせて集められた異なる情報だということです。

SNSはそれぞれの「好みの世界」で成り立っている！

3.1 情報収集手段としてSNSを使うときの注意点

　さらに、みなさんが友人と、SNS上でまったく同じ相手をフォローしていても、フォロー相手と自分との関係や日々の対応によって、相手の投稿が表示される頻度や順序は変わります。SNS上ではある一定以上の数の相手をフォローすると、すべての投稿をタイムラインに表示しても読み切れなくなります。それを防ぐために、運営事業者側の判断で、重要度の高い投稿を優先的に表示するためのしくみが、どのSNSにも備わっているのです。

　たとえば、Facebookでは、親しい友人が投稿した記事ほど、タイムラインの上のほうに優先的に表示されます。もちろんここでいう「親しさ」は、現実世界の人間関係を表しているものではありません。Facebookでは、相手の記事にどのくらいの回数や割合で「いいね！」をしたか、コメントを書き込んだのかなどが、日々運営事業者側に記録されています。また、

SNSは「アルゴリズム」に従って処理されている
SNSでつながっている友だちでも…
自分の知りたい情報や知りたい人の情報が
日々の利用を通じて絞り込まれてくる。

第3章　SNSによる情報収集の技術

2016年に追加された機能「超いいね！」「悲しいね」などのボタンが押された場合は、より積極的な反応として、通常の「いいね！」とは異なる扱いをされます。すべての記録はアルゴリズム（一定の法則に当てはめて数値化すること）に従って処理され、その結果が表示順を決めるのです。「Facebook上で友だち関係だったはずなのに、そういえば最近、その相手の投稿を見かけない…」といった経験をもつ人もいるでしょう。これは、Facebookのアルゴリズムが、あなたとその相手は「親しくない」と判断して、表示の優先度を下げた結果なのです。こうしたことに加えて、投稿の人気度（どのくらい多くの人に閲覧されているか）や、投稿のタイミングなども判断材料に使われているようです。ただし、Facebookのアルゴリズムの詳細は非公開で、その中身も予告なく変更されています。

　フォローした相手のすべてのツイートが時系列に表示されるだけというシンプルなしくみをこれまで長い間採ってきたTwitterでも、2016年以降、アルゴリズムによる優先表示のしくみが導入されています。たとえば「最近のハイライト」として表示されるのは、それまでに「いいね！」や「リツイート」をしたなど、何らかのアクションをこちらから何度も起こした相手のツイートだけです。

　つまりSNSでは、そもそも誰をフォローするかという選択の時点で、さらには利用者側が意識するかしないかにかかわらず、運営事業者側のアルゴリズムによる自動選別によって、二重に選別された「自分のための情報」「自分が知りたい情報」だけが表示されてしまうのです。同じSNSを利用していても、一人ひとりが別々の情報を見ているという点を、利用者それぞれが意識しておくことが大切です。

　従来型メディアであるテレビの番組でも、雑誌でも、新聞でも、その選択肢はせいぜい数十から数百にとどまります。読み手や視聴者が受け取る情報はそれぞれについて一通りです。しかし、SNSではサービスごとに数千万人から数億人いる利用者が、それぞれ、上で述べた意味での「自分だけの情報」に接していて、その中身が完全に一致している他の人はただの一人もいないのです。

3.1 情報収集手段としてSNSを使うときの注意点

3.1.2 好みの世界に閉じ込められる怖さ

前項で見たとおり、SNSでは利用者それぞれが、自分の興味関心に合わせた情報源を自ら選んでいます。これに加えて、運営事業者側が限られたスペースの中に表示する情報を取捨選択することで、一人ひとりがかなり異なる情報に接しているという特徴が見られます。

メディアには必ずある偏り

人は見たいものだけを見がちです。その結果として、個人や集団が、自分の主義に合わない事実や情報を軽んじてしまい、判断を誤るということは、これまでの長い人類の歴史を振り返ってみても決して珍しいことではありません。そこまで大きな判断でなくても、興味のないものは、街を歩いていて視界に入っていたとしても「気づかない」「見えていない」くらい

第3章　SNSによる情報収集の技術

はよくある話です。

　こうした現象は、従来型メディアに接する場合にも、もちろんありました。どんな新聞を定期購読するのか、どんな雑誌を手に取るのか、どんなニュース番組を選んで観るのかなど、メディアとの接し方は、人によって偏りがちでした。

　メディアの選択には、それぞれの立場や考え方があるうえに、完全に中立的でかつ公正なメディアはもともと存在しません。人は何か伝えたいことがあるからこそ、高いコストをかけて、メディアを設立・運営するのです。したがって普段から親しんでいるメディアの伝える情報を、無批判に受け取っているだけでは、そのメディアの思うとおりの方向へと誘導されてしまいます。

　幸いなことに、現在では、SNSを含め、さまざまなインターネットメディアを利用することができるようになっています。このおかげで、ある一つの事件について、複数のメディアの伝え方を読み比べてみることが、以前よりは容易になりました。比べることで一人ひとりが、いま自分がどのような立場のメディアから情報を理解しようとしているのかを意識できるようになります。

　さらには、情報の受け手がその気になれば、メディアが伝えている情報の裏付けを自分自身で確かめることや、記事には触れられていない点をより詳しく探求することすら、以前とは比べものにならないほど簡単になっています。しかし、インターネットの登場以降、社会に流通する情報量が爆発的に増えたことで、そもそも一つひとつの情報を吟味しながら受け取る余裕が失われつつあります。

　後で触れるように、SNSは「情報過多」を絞り込むための手段としても有用です。反面、情報収集の手段としてSNSばかり使っていると、個人がまったく異なる情報に触れるようになり、他者との共通の理解の基盤そのものが失われる可能性も高まります。

フィルターバブル

　先ほどから述べているとおり、その構造上、自分の好みの情報の割合が高まるという宿命が、SNSにはあります。利用期間が長くなるほど、フォ

3.1 情報収集手段としてSNSを使うときの注意点

見える世界が狭くなり、
自分と異なる意見に出合う機会が減る
「フィルターバブル」。

ローしているのは、自分と気の合う相手ばかりになります。また、アルゴリズムのおかげで、そのなかでも特に自分が積極的に反応した相手の投稿が、優先的に表示されるようになります。しだいに、見える世界は狭くなり、ものの見方の偏りが強まり、自分と異なる意見に出合う機会が減っていきます。予定調和的に、自分にとって心地よいできごとや、都合のよい視点からの分析だけが目に入るようになってしまうのです。こうした状況は、2011年にイーライ・パリサーによって「フィルターバブル（filter bubble）」と名付けられました。ここでいうバブルとは、文字どおり「泡」のことを指します。「泡」の中に自分が包まれてしまって、泡の外、つまり自分が興味のないことに興味をもっている他者や、自分とは異なる考えをもっている他者の存在を想像できない状況に置かれているというイメージです。

　たとえば、2016年アメリカ大統領選挙において、ヒラリー・クリントン候補の支持者のほとんどは、彼女の落選にとても驚きました。多くの人

第 3 章　SNS による情報収集の技術

がフィルターバブルの中にいて、現実（世界）を正しく認識できなくなっていたといわれています。

　また、自身が SNS を利用していると、周囲の誰もが SNS を利用していると勘違いしがちです。しかし SNS の利用率や利用状況は、地域や年代などによって大きな差があります。2.1.3 項「日本の SNS 利用」でも詳しく紹介したとおり、たとえば、20 代の Facebook の利用率は、アメリカでは91.0％に達していますが、日本では 51.0％にすぎません。また、日本でのTwitter の利用率は、20 代では 53.5％ですが、50 代では 21.0％にとどまっています[2]。

　これが、一つの SNS 上では当然と受け取られている意見やものの見方が、社会全般には受け入れられていなかったり、そもそも知られてすらいなかったりする現象の原因の一つです。実際、国政選挙の候補者が、Twitter 上の評判を見る限り善戦していると信じられていたにもかかわらず、最終的には惨憺たる低得票率に終わるなどといった現象は、日本においても枚挙にいとまがありません。

3.1.3　あなたのクリックがネットを変える

　情報を受信・収集する行為と、発信する行為の違いが、従来型メディアよりもわかりにくく、しかも受信と発信が直接つながっているということも、インターネットメディアや SNS の特徴として知っておくべきでしょう。

　従来型メディアの場合、情報の受信者（視聴者）ができる意思表示は、その新聞を購読するかしないか、そのテレビ番組にチャンネルを合わせるのか合わせないかなどの大まかな行為です。また、購読者数や視聴率の減少の理由を適切に解釈することは、メディア側にも容易ではありません。したがって、受信者の本音が発信者であるメディア側に伝わり、情報の選択や加工、発信の仕方の変更など、何らかの効果が発信者側のメディアに生じるまでには、長い時間がかかります。

2：総務省「平成 28 年版情報通信白書」ソーシャルメディアの利用状況
　http://www.soumu.go.jp/johotsusintokei/whitepaper/ja/h28/html/nc132220.html

3.1 情報収集手段としてSNSを使うときの注意点

　これとは対照的に、インターネット上では、情報の発信者は、受信者の行動を、かなり精密かつ正確に、測定・把握することが可能です。表示ページの変遷やクリック箇所などを即時に数値化できるためです。

　もちろん、受信者が何もクリックせずに、表示されたページを眺めるだけの場合には、受信者の反応を測定できる範囲は限定されます。それでも、「クリックしなかった」「当該ページへの滞在時間が全体平均と比べて著しく短かった」などを測定し、数値化することで、そこに何らかの意味づけができるわけです。

　さらに、特定の利用者がサイト間をどのように移っていくのか、提示された検索結果のどの部分に反応したのかなど、情報を収集する行為が連続的に行われていれば、それらを定量的に追跡・把握することで、受信者の行動の意図を推測することはずっと容易になります。受信者側は、何気なく情報を受信・収集しているつもりでも、その一連の行動そのものが、何らかの意味ある情報を発信し続けていることとほぼ同義になるのです。

　単にサイトを眺めるだけにとどまらず、クリックしたり、長い時間特定

何気なく使っているSNSの利用法は「情報の出し手」にとっては有益な情報！

67

第 3 章　SNS による情報収集の技術

のページにとどまったり、動画を再生したり、友だちと情報を共有したりするなど、サイトやサービスを積極的に利用すればするほど、個々の利用者の意図は、情報の出し手側に、より鮮明に伝わります。

　サイトやサービスの運営事業者は、そうした利用者側の行動を注意深く観察し、自分たちの届けるべき情報の選択や加工・表現の仕方に、いち早く反映させます。現在の技術では、一人ひとりの行動傾向や好みを完全に把握・予測することはできなくても、集団としてとらえたときの統計的な反応や行動のおおよその傾向を予測することが可能になっています。たとえば、試験的に二通りのホームページを用意し、無作為に抽出した利用者に対して、一定期間それらを表示した後、利用者の反応を測定し、結果がよいほうを正式に採用します（いわゆる A/B テスト）。

　そうした測定結果は、発信者が調達するコンテンツの選定などにも影響を与えています。サイトやサービスに特定の「機能」を追加するか、廃止するかのような大きな意思決定だけでなく、どの内容の記事をどう表現すれば、より多くの利用者の反応を獲得できるのかが、一つひとつの記事や広告まで、休むことなく「改善」され続けているのです。

　わたしたち利用者はつい興味本位で、ゴシップ記事や「おもしろ動画」

「泣けるエピソード」などを SNS 上でクリックしたり、再生したり、シェアしたりするものです。そのたびに、それらのコンテンツや表現の価値は高まります。その結果を見て、情報の出し手は、似たようなコンテンツの投入量を、試しにもう少しだけ増やします。露出が増えれば、より多くの人の目に触れるようになります。さらに多くの人がクリックするなど、結果が良好であれば、そうしたコンテンツの割合は増やされるのです。SNSが利用者にとっては実質無料の、いわゆる広告収益主体のビジネスモデルである以上、避けられない構造による結果です。

　自身が利用している SNS に、ゴシップ、低俗な記事や広告が多くて気に入らないという人も、実はその悪循環に手を貸しているのかもしれません。SNS をぼんやりと閲覧しているその態度は、もはや自分だけの問題ではありません。SNS は、従来型のメディアとは比べものにならないほど、総体としての利用者の行動と提供されるコンテンツが、相互に強く影響し合う世界であることを、多くの利用者が知っておく必要があるのです。

　これはもちろん、特定の SNS だけに限らず、インターネット全体にもいえることです。クリック数やページ閲覧数、ダウンロード数といった定量的な指標がサイトやサービスの評価を左右している以上、「信頼でき、有用な新規のコンテンツ」と、「誇張や誤り、盗用を含み信頼に値しないコンテンツ」を正当に評価することが難しいのが現在のインターネットなのです。

3.2 📶 情報収集手段としての SNS の魅力

　ソーシャル・ネットワーキング・サービスという名前に引きずられて、SNS を単に「交流の場」と理解してしまうと、同級生やバイト仲間、サークルの先輩・後輩など、普段から直接会うこともできる相手の「日々の様子」だけがタイムラインを埋め尽くすことになってしまいます。特に、Facebook など実名で利用することが前提の SNS の場合には、目的を考えずに、友人に誘われるままに使い始めてしまうと陥りがちな状況です。どう使うかをあらかじめ考えておくことで、情報収集手段としての SNS の

第 3 章　SNS による情報収集の技術

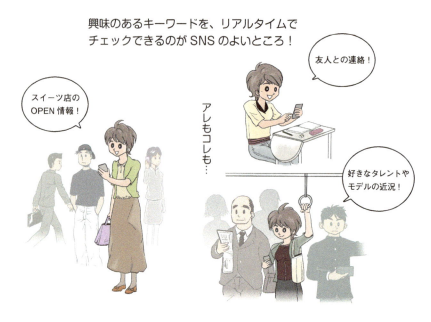

利用価値は高まります。

　たとえば、友人の近況把握や知人との連絡用途にとどまらず、Twitterで気になるタレントやアーティストをフォローしておくと、「趣味のための情報収集」を利用目的の一つとして意識して、テレビや雑誌には出てこない情報を、いつも早いタイミングで得ることができます。

　このように、Google や Yahoo! などの検索サイトを使った情報収集とは異なる魅力が、SNS を使った情報収集には隠されているのです。SNS を情報収集の手段の一つとしてとらえた場合、他にどのような使い方があるか、考えてみましょう。

3.2.1　最新の専門知識や専門家の意見に直接触れることができる

　友人知人の近況を把握しておくのに、SNS ほど便利なメディアはありません。たとえ直接顔を合わせる機会が少なくなってしまったとしても、距離の制約なく、相手の最新の動静をつぶさに、かつ大きな時間のズレもなく知ることができるからです。また、ブログやホームページの閲覧とは異なり、定期的にサイトを訪れて見て回るなど、相手の発信している情報

3.2 情報収集手段としての SNS の魅力

の更新を逃さないようにする苦労もありません。フォローしている相手の最新の投稿は、こちらからアクションを起こさなくても、自分のタイムラインに確実に表示されます。

Twitter による情報収集の実際

　フォローした相手の情報を着実に受信・収集し続けられるという SNS の強みは、実生活では面識がない相手についても、もちろん、そのまま同じように発揮されます。たとえば、Twitter で、タレントやアーティストなどをフォローしている人は、すでにその効果を実感していることでしょう。

　フォローの対象を趣味の領域だけにとどめる必要もむろんありません。興味のある学問領域や時事問題などについて、それぞれの分野の専門家をつぎつぎにフォローするだけで、マスメディアには出てこないような新鮮な情報や先端の議論に気軽に触れることができます。たとえば、教科書で知った別の大学の先生の話を、わざわざ遠方まで出かけて聴講するのは現実的ではありませんが、その先生が Twitter を利用しているようであれば、試しにフォローしてみるのは簡単です。ニュースで知った時事問題についても、解説役として登場している専門家の過去のツイートをざっと眺めてみて、興味がもてるようならフォローしてみるのもよいでしょう。

　Twitter でたくさんの相手をフォローするようになると、今度はタイムラインに表示される投稿数が多くなりすぎて、大切なツイートを見逃してしまう恐れが出てきます。自身の Twitter アカウント自体を複数取得することで、友だちとの連絡用、趣味の情報収集・発信用などと用途によって使い分けるという対策もあります。しかし、アカウントは極力一つに絞り、Twitter の「リスト」機能で、フォローしたい相手を用途別にまとめるほうが、別アカウントへの誤発信などの心配も少なく、おすすめです。

　本格的に情報を収集しようとして Twitter を使い始めると、物足りない点がいくつか出てきます。おそらく最も大きな不満は、Twitter 上では一つの投稿が 140 文字以内[3] に限られている点でしょう。Twitter への投稿

3：2017 年 11 月から、英語などいわゆる 1 バイト文字の言語圏については、280 文字が上限になりました。

第 3 章　SNS による情報収集の技術

はしばしば「つぶやき」とも表現されるとおり、140 文字以内という制約があることで、読み手にとっては短時間で簡潔に理解できるという利点があります。反面、一回の投稿に盛り込める情報量には相当の制約があります。高い文章力が書き手にないと、短く書くほど真意が伝わりにくくなり、誤解も生まれてしまいます。人によっては細かなニュアンスを省略し、一方的に言い切ることもあります。なかには人目をひこうと、必要以上に極端な表現に走る書き手もいます。

　実際、こうした制約から、タレントやアーティストなどの書き手は、Twitter 上ではあくまでも近況アップデートの告知にとどめ、その後、公式ブログなどに誘導して全文を読んでもらうようにするなどして、言い足りなさを補っています。

　また、Twitter では、書き手が腰を据えてオンラインでの交流を深めることができません。一般的な議論では、誰かが議長役を務め、発言できるメンバーを指名したり、不適切な発言を繰り返す参加者を排除したりするなどして、議論の進行を妨げないようにすることが必要です。しかし、Twitter にはそうした機能が圧倒的に不足しているのが現状です。相手を

尊重する態度にもともと欠けた利用者が少なくないなかで、前向きな議論を助ける機能のないTwitter上のやり取りは、実りのある方向へと議論を収束させることが難しいのです。

Facebookによる情報収集の実際

Facebookは、知り合いどうしの結びつきを強めることを目的としてスタートしたSNSですが、最近では、直接面識のない相手でも「友だち」申請をすることなく、「フォロー」することで相手の投稿内容を読むことが可能です。Twitterと同じように、興味のある分野の専門家をフォローしておくと、自分のタイムラインに彼らの最新の投稿が表示されます。

もちろん、相手の公開範囲の設定によっては、一部の投稿以外は読めないことや、そもそもフォロー自体が許可されていないこともありますが、公的な情報発信に熱心かつ影響力の大きな書き手ほど、ごくプライベートな内容の記事を閲覧できないことがあっても、フォローは許可していることが多いと思われます。

第 3 章　SNS による情報収集の技術

　Facebook の記事には、実質的に文字数の制限がありません。ニュース記事のシェアや、イベントの解説、書評の投稿など、それぞれの領域の専門家が背景や経緯を丁寧に解説した投稿や、ためになるヒントを与えてくれる投稿が多く見られます。

　Facebook は運営事業者側の方針として、実名でのアカウント登録や、顔写真の掲載を強く推奨しています。実名を公表するのを嫌う人が多いといわれる日本でも、8 割近い利用者が実名で登録しているという調査結果[4]もあります。加えて、Facebook 上では、記事に対する不適切なコメントを投稿主が削除することや、特定のメンバーのみに発言権を与えてグループ内で議論をすることも可能です。

　そのため、匿名を隠れ蓑にして無責任な投稿をする利用者の比率は、インターネットメディア全般に比べるとかなり低いように思われます。ときには、ある分野の専門家どうしが驚くほど率直に意見交換をしている場面が公開され、わたしたちが貴重な気づきを得ることもあります。これも、SNS らしい新しい情報収集のあり方といえるでしょう。

3.2.2　情報の信憑性や発信者の信頼性を判断する材料が豊富

　情報収集の際には、その情報の信憑性に気をつけるべきです。悪意をもって誤った情報を発信する例はいうまでもありませんが、書き手本人に自覚がないまま、誤りや偏りの大きな情報を発信している例もあり、読み手がその真偽や信頼性をきちんと見きわめられないと、判断を誤ったり経済的な損害を被ったり周囲への自身の評判を落としたりと、残念な結果につながりかねません。

　インターネットを利用した情報収集は、本を買って読んだり、直接話を聞きに行ったりするよりもお金がかからず、短い時間で多くの情報を集められるという利点があります。反面、集めることのできる情報に、信憑性

4：マクロミル「ソーシャルメディアの利用状況調査＆ブログ・ソーシャルブックマークユーザープロファイル分析」（2017 年 2 月）https://www1.macromill.com/contact/files/report/n054_3mcdez.pdf
　同調査で、日本の Facebook の実名登録率は 78.2％でした。一方 Twitter の実名登録率は 11.9％にすぎませんでした。

3.2 情報収集手段としてのSNSの魅力

従来型のメディアは、情報発信の"責任の所在"をはっきりさせることで信頼性が高まる。
一方インターネットは誰でも発信できるため、情報の真偽やその判断は受け手に求められる。

が欠けるとも指摘されます。どうしてインターネット上の情報は、従来型メディアで得られる情報と比べ、信憑性が低いとされがちなのでしょう。

　誰もがすぐに思いつく理由は、インターネット上では「匿名で発信されている情報が多い」という点でしょう。たしかに、従来型メディア上に匿名の情報はそう多くありません。書籍や雑誌のような印刷メディアでは、著者名が明らかなことが普通ですし、テレビやラジオでも同様です。新聞でも、個々の記事には署名がなくても、新聞社の責任で発行されるのが前提になっています（最近では各記事に署名を入れる新聞社も出てきています）。従来型メディアでは、情報の発信に高いコストがかかります。そのコストを読み手が負担しているとは限りませんが、かかっているコストに見合った高い信頼性を求める圧力が、常に責任の所在元であるメディア側

第3章　SNSによる情報収集の技術

に働くわけです。

　ところが、従来型メディアによる情報発信とは対照的に、インターネットでの情報発信にかかるコストはきわめてわずかです。そのため、個人でも自分の考えをインターネット上に発信することができます。その主張への反論を一人きりで引き受けるべく、署名によって責任をはっきりさせる動機づけは働きにくくなっています。

　もちろん、匿名になると誰もが無責任で、不確かな情報を発信するようになるというわけではありません。なかには、所属組織などの身元を明かすことが難しい立場の人が、信頼性の高い情報を匿名で発信している場合もあるからです。しかし、名前を明かす、明かさないにかかわらず、あるいは意図的な悪意があるかどうかは別にして、無数の書き手がいれば、誠実さや能力に欠ける人がどうしても一定数現れてしまいます。

　そのような書き手を排除するため、従来型メディアでは、メディア自体が、書き手を採用・教育・評価・選別するメカニズムを担ってきました。

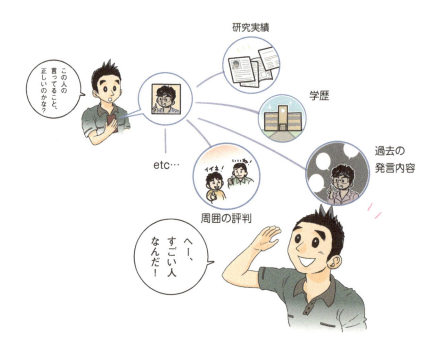

3.2 情報収集手段としての SNS の魅力

ところがインターネットでは、そのようなメカニズムを経由しなくても発信できてしまいます。言い換えれば、インターネットが登場する以前の情報の受け手は、書き手や情報の評価・選別を従来型メディアに頼り、そこにかかるコストを負担せずに済んでいたのです。

たしかに、インターネットを利用することで、従来型メディアでは紙面や時間の都合などでこぼれ落ちていた豊かな情報を、誰もが手に入れることができるようになりました。しかし同時に、情報の信憑性や発信者の信頼性を判断する力が、受け手一人ひとりに求められるようにもなっています。判断に役立つ強力な手がかりの一つが、SNS です。

そもそも匿名の情報は信頼性が低く、署名がある情報は信頼性が高いという発想は、個々の発信者を自らが評価・選別している従来型メディアのみに当てはまる話です。匿名であるか否かにかかわらず、インターネットで手に入る情報の信頼性を判断する際には、受け手自身が、その書き手を評価・選別できることが本来必要なのです。読んでいる記事や特定の書き込みだけを材料として、情報の真偽を適切に判断することは難しいですが、その書き手の過去の発信内容やその変遷、実績や周囲の評判などを参照することができれば、判断の強力な助けになります。

書き手の発信履歴を把握するためには、書き手がどのような人か特定するための手がかりが欠かせません。たとえ匿名であっても、ペンネームのようなものが一定していれば、信頼性の手がかりを得るうえで何ら問題ないわけです。逆に、実名が公表されていても、過去に遡って参照できる材料が見つからないのであれば、信頼性の判断はいったん保留し、引き続き発信者の信頼性を評価できるだけの材料が集まるまで観察を続けざるを得なくなります。

SNS の強みが発揮されるのは、まさにこのときなのです。SNS では、特定の相手の過去の発言を遡って把握できるうえ、その後の動向も大きな負荷なく継続して観察できます。また、一部の SNS は、専門家が率直に情報を発信できる、比較的恵まれた環境だという点も、わたしたちが情報収集するうえでは大きな魅力です。安心して議論ができる相手に囲まれている場ほど、書き手のリアルな姿も透けて見えやすいからです。さらに、Twitter であればフォローしている相手の一覧、Facebook であれば友だち

第3章　SNSによる情報収集の技術

一覧など、SNS上での周囲とのつながりが把握できる場合には、書き手の立ち位置や評価などが、より判断しやすくなるでしょう。

　従来型メディア経由での情報収集では、得られる情報に一定の信憑性が期待できた反面、わたしたちは発信者の評価などを従来型メディアに委ねざるを得ません。しかし、SNSを利用することで、それぞれの受け手自らによる発信者の複合的な評価が可能になります。SNS経由の情報を、従来型メディアの情報と補完的に組み合わせることで、情報の信憑性について適切に判断しながら、より広い範囲からの情報収集ができます。

3.3 📶 情報収集における SNS の位置づけ

3.3.1　インターネットを使った情報収集の基本を確認してみる

　みなさんはインターネットを使って何のために情報を集めるのでしょうか。そもそも情報とは何でしょうか。ここでは情報とは「何かアクションを起こすための判断の材料」と言い換えられるでしょう。何らかの目的を達成したいからこそ、手間をかけて情報を集めるのです。

　したがって何のアクションも想定せず、ただ漫然と情報を集めても、その「情報」は何ら「情報」としての意味をもちません。つまり、情報を収集するときには、情報を得ることで実現できるアクションが何か、常に意識しておく必要があります。

　「情報」には、知らないことだけではなく、すでに自分が知っている（つもりの）ことについての他者の考えも含まれます。他者の考えを情報とし

情報を集める際は、目的を明確にしないと
自分自身の考え方を見失ってしまうこともある

第3章　SNSによる情報収集の技術

て得ようとするときにも、その目的をあらかじめ明確に意識しておかないと、集めた情報に惑わされ、肝心の目的を見失ってしまいます。インターネット上には無数の他者がいます。発信者の信頼性や立場を把握しておくことも重要です。

　みなさんがインターネットを使って情報を集めようとするとき、最初に向かうのは、検索サイトでしょう。得たい情報と関係がありそうなキーワードを考えて検索すれば、読みきれない件数の検索結果が瞬時に表示されます。はじめのうちはその分量に圧倒され、検索結果を見ただけで、わかったような気分になりがちです。

　しかし、キーワード検索の結果は、探している情報に関係があるかもしれない、情報のいわば「候補」がインターネット上のどこにあるかを表示しているにすぎません。それらの「候補」のうち、どれが自分の本来の目的を達成できる情報なのかは、みなさん一人ひとりの選択力にかかっています。選択力次第で、得られる情報が変わってきます。

　大切なのは、インターネットのどこかに「正解」があると思わないこと

自分が求めている'ピッタリな情報'を
インターネットだけに求めるのは難しい面も

でしょう。このことは、従来型メディアから情報を得る場合にも当てはまります。たしかに、インターネット上にはたくさんの情報が溢れています。個人のブログのように、インターネット上でしか手に入らない情報もあります。しかし残念ながら、インターネットのすべての発信者の信頼性が高いわけではありません。

試しに何か一つ、みなさんのよく知っていることをキーワード検索してみてください。趣味についてでも、大学での勉強についてでも構いません。素人にもわかりやすく、偏りなくまとまった情報が見つかることはまず期待できないことがよく確認できるでしょう。たいがいは、大雑把すぎて実用に耐えなかったり、古くて使いものにならなかったり、一部の箇所だけを過度に詳しく説明していたりする情報です。そして、みなさんがよく知らない話題についてもまったく同じことが起きています。

従来型メディアの発信者がこれまで行ってきたように、情報を適切にま

とめて発信するには、時間と労力がかかります。チームを組んで情報を集めるとなれば、コストはさらに増えます。インターネットが普及し、情報を気軽に発信できるようになったとはいっても、有用な情報を無料でつくり出せるようになったわけではないのです。

インターネット上だけで情報収集を完結させようとすると、得られる情報のほとんどは無料です。もちろん無料の情報がどれも役に立たないというわけではありません。善意の発信者が信念に基づいて、それなりにまとまった有用な情報を提供してくれる例も存在します。しかし、情報を提供するためにはそれなりのコストがかかります。多くの場合、コストをかけてまとめたものを読んでほしい誰かの思惑があるのです。

なかには、それ自体が商品やサービスの宣伝になっている場合もあります。インターネット上の広告記事で、書き手と広告主との関係が明示されていないものは、「ステルスマーケティング」として批判を受けています（「ステマ」と略されることもあります）。もっとも、最近では大手のインターネットメディアも広告記事であることを表記するようになってきましたが、広告かそうでないかがグレーな記事は、いまでも発信され続けています。また、他者の著作物を盗用するなどしてコストをほとんどかけずに作成した信憑性の低い情報を、大量に蓄積することで検索順位の高いウェブサイトをつくり、アクセス数を稼ぐことで広告収益を得ようとする、歪んだ「キュレーションサイト」も社会問題になりました。

ただし、「正解」を見つけようとさえしなければ、インターネットはきわめて有用です。重要なのは、書籍や人に会って得た情報など、インターネット以外にも情報源はたくさんあることを知り、インターネット（検索）は、情報源の発見や絞り込みの手段と考えることです。

3.3.2　情報源を絞り込む手段としての SNS

「情報爆発」という表現が使われるほどに、インターネット上の情報の量はうなぎのぼりに増え続けていると指摘されています。わたしたち一人ひとりにとっては、社会全体が抱える情報の洪水の中で、必要な情報にたどり着くことが以前よりも難しくなっているともいえます。自分がアクションを起こすために行う情報収集のはずなのに、そこに時間をとられた

3.3 情報収集におけるSNSの位置づけ

テーマに合わせて、検索の対象を絞り込む際にはドメインの指定も有効

結果、情報を使い、行動する時間がなくなってしまうという本末転倒の事態も起きかねません。限られた時間のなかでどうすれば適切に情報を収集できるのか、その工夫が誰にとっても重要になっています。

そのためには、情報を収集する範囲を絞り込んでいくことが必要です。漫然とキーワード検索をしても、上位の検索結果が必ずしも自分の求めるものに合致するわけではありません。キーワードを変えてみたり、複数のキーワードを組み合わせてみたりしても、時間がかかるばかりで、これではいつまでたってもゴールにたどり着けそうにないと感じたことがある人は少なくないでしょう。

こうした問題を解決してくれそうな上手な検索サイトの使い方の一つを紹介しましょう。特定のキーワードで検索結果として表示された結果すべてを片端から閲覧するのをやめるのです。検索結果に表示されるサイトの要約文（スニペットと呼ばれます）やドメイン名を使い、有益そうな結果のサイトだけにアクセスすることを心がけましょう。また、それぞれのサイトにアクセスした際も、はじめから全文を読み込む必要はありません。最初は斜め読みでざっと目をとおして、本当に得たい情報を確実に探し当

第3章　SNSによる情報収集の技術

てることのできる検索キーワードを見つけるためだけに使うのです。信頼できないサイトや発信者がはっきりしている場合は、それらを検索結果から除外していくことも効果的です。Googleでは、検索キーワードを入れる際にドメインを指定する（site:ac.jpなど）ことで、大学サイトや省庁サイトのみを検索結果に表示させることができます。「犬の巻取り式リードの修理の仕方が知りたい」「認定こども園と保育所、幼稚園の違いについて知りたい」など、比較的単純な情報収集であれば、こうしたテクニックが十分に機能するはずです。

　しかし、「学校現場におけるプログラミング教育の現状と課題について知りたい」のように、より広がりがあり、知りたい質問を一つに絞り込みにくい複雑な事象や話題について調べるときは、もう少し慎重に検索のやり方を考えるほうがよいでしょう。

　どのような話題であっても、見方や考え方は、人によってさまざまですが、ネット上には無数の意見が存在するので、意見の分布には一定の傾向が見られると考えられます。ただし、そのほとんどは、統計学で出てくる釣鐘型をした正規分布の形にはなりません。多くが、右と左にそれぞれ山ができるフタコブラクダのような分布になると考えられます。どのような議論が行われているかを俯瞰していくと、対立する二つの考えを見つけることができるはずです。

　広がりのある話題について情報収集をしようとするときには、上のようなイメージをまず頭の中に描いたうえで、左右二つのコブを代表する論者は誰なのかを探します。探し当てたら、それぞれを代表する論者がどのような経歴や立場をもつのか、その論者の人となりを探っていくのです。一見すると特定の省庁などの政府機関が、コブの一つを形成しているように見える場合でも、その理論的な裏付けは、有識者といわれる専門家が提供していることが普通です。それぞれが根拠とする書籍や論文、その引用元を遡っていくと、背景にある理論をとなえる二人の専門家の考え方にたどり着くことができます。省庁が設置している検討会の座長や委員などの顔ぶれを眺めてみることで、誰が主導している考え方なのかを推測することも可能です。

　「二人の専門家」の候補者が見つかったら、より深くそれぞれの考え方

3.3 情報収集における SNS の位置づけ

や主張について知り、検討していきましょう。その際に、SNS が作業のスピードアップに役立ちます。その専門家が SNS 上に発信していれば、過去の発信を遡って調べることが可能です。たとえ過去の発信履歴がなくても、発信していないということが一つの判断材料になります。SNS 上の友だちの顔ぶれや、フォロー／フォロワーのリストも参考にします。

なお現実には、分布上のコブが二つより多くある場合もむろんあるでしょう。また、論点が収束しておらず、コブそのものが見いだしにくい状況もあります。二つのコブのどちらかが優れているということではなく、いずれの側もそれなりの根拠や合理性を備えていることが珍しくありません。

ここで最も大切なことは、結論が最終的に一つに収束することを前提にするのではなく、対立する二つ（以上）の見方があることを想定して、少なくとも二つの見方を比較しながら SNS などを活用した情報収集を進め

85

第 3 章　SNS による情報収集の技術

ることです。ある程度以上複雑な事象についての議論は、一つの見方に収束しにくいのが普通ですから、このように意識して進めたほうが、限られた時間のなかで、みなさんにとってより有用な結果が得られるはずです。

3.3.3　SNS は自分の立ち位置を確認する手段

　ここまで SNS を使って情報収集する方法を紹介してきました。方法など知らなくても、実生活を送るには困らないかもしれません。ここでは、第 3 章のまとめとして、情報収集の方法について学ぶ意味をあらためて考えてみることにしましょう。

　かつて、インターネットが普及するまでは、決まった時刻に放映されるニュース番組を通してわたしたちは世の中の変化を知りました。いまはどうでしょうか。インターネットを通して 24 時間いつでも世の中の変化を知ることができます。便利になったようですが、このことが世の中の変化を理解するのをかえって難しくしています。ものごとの判断には材料が必要ですが、その判断材料が絶え間なく入ってくるのです。イギリスの元首相、トニー・ブレア氏がこんなことを言っています。「1960 年代には、閣議の話題を二日かけて議論し結論を出していた。ところが 2007 年には、議論する時間もなく問題が起きたその瞬間に判断を下さなくてはならなくなった[5]」。ものごとをより短い時間のうちに判断しなければならなくなっているわけです。

　また、流通する情報が増えたことで、世の中の変化自体がさらに早まっているようにも思われます。普段から情報を集め、変化の流れを把握しておかないと、判断までに時間がかかり、判断のタイミングを失ってしまうことにもなりかねません。インターネットメディア、とりわけ SNS は、そのような状況でも役立つ、安上がりで効果的なツールなのです。

　これまで見てきたとおり、SNS を使うことで、ある一つの話題について、主要な論者の主張を知ることができます。さらに、その主張への第三者のコメントも注意深く見ていくと、世の中の人の反応が見えてきます。その

5：イギリス政府のアーカイブ
　（http://webarchive.nationalarchives.gov.uk/20080908235537/http://www.number10.gov.uk/
　Page11923）より引用

3.3 情報収集におけるSNSの位置づけ

ほとんどは単なる感想だったり、感情的な反発だったりして、一見とるに足りない意見のように思えるかもしれません。しかし、そこにあるのは、SNSがなければ隠れて見えなかった情報ばかりです。SNSがそれを目に見える形にしてくれるのです。それを積極的にとらえることで、世の中に存在する多様な考えや、特定の話題について他者がどのように、またどのくらい深く考えているかをうかがい知ることができます。

また、自分や身の回りの家族や友人とだけ接していたのでは考えつかないような意見に触れることで、自身の立ち位置を相対的に知ることもできます。

こうしたSNSの特徴は、広く一般のインターネットだけではなかなか期待できない点です。もちろんブログなどを開設して自分の意見を表明することは誰にでもできますが、現実には手間や面倒さなどから、それを実行している人は多くありません。また、いきなりブログでは、不特定多数に対して発信することを意識しすぎて肩に力の入った言い方にもなりがちでしょう。逆に、匿名の掲示板サイト上で、前向きな議論を続けるのには、

87

第3章　SNSによる情報収集の技術

かなりの経験と覚悟が必要です。

　一方SNSは、つながっている「友だち」への発信が前提になった空間です。ブログや掲示板サイトには発信してこなかったような人が、数多く参加しています。そのうえ、お互いに知っている気安さから、つい本音に近い内容を書きがちです。SNS上で建て前のポーズをとり続けることは案外難しく、ある程度長い期間にわたって遡って記事を読めば、その人の本音やありのままの姿が透けて見えてくるものです。

　前述のとおり、SNSにはフィルターバブルという宿命的な弱点があることは忘れずにおきましょう。アルゴリズムによって、自分の周りの親しい友だちばかりが現れるタイムラインに接しているだけでは、想像もしなかったような考え方に触れる機会にはならず、自身の意見を他者と比べて相対的に把握することなど期待できません。

　数あるSNSのなかでも、なるべく多くの人が使っていて、開放された

空間として設計されたSNSを意識的に利用することも必要でしょう。反対意見の持ち主や、考えの合わない相手でも、SNS上ではあえてフォローし続けるといった使い方も試してみる価値があります。

　SNSの利用者はかなり増えてきたとはいえ、そもそもSNSを利用していない人はいまでも少なくありません。また、SNSを利用している人でも、その多くは、自分から積極的に意見を表明しません。アカウントがあっても、滅多に書き込まないとか「いいね！」は押しても、コメントまではしないという人もたくさんいるのです。その一方で、匿名掲示板のまとめサイトなどを見てもわかるとおり、インターネット上では、極端な意見が目につきます。今後は、意見を表明していない人たちの存在を想像できる力が、より大切になるかもしれません。そのためにも、SNSやインターネットのみに偏った情報収集になっていないかをいつも意識し、書籍や論文を読んだり、いろいろな人と会ったりすることを心がけておくことも必要でしょう。

第3章　SNSによる情報収集の技術

第3章のまとめ

気をつけなければならないこと

1. 自分のSNSのタイムラインと他人のそれとが同じでないことを我々は忘れがちである。

2. SNSのタイムラインの記事は、過去のSNS上での情報発信や閲覧行動の実績・記録から表示の有無や表示順が決められている。

3. SNSのようなインターネットメディア上の情報やマスメディア上のそれの両方を比較して読むことで、情報の信憑性や自分の考えの立ち位置をより確認しやすくなる。

4. 情報収集の経路をSNSだけに頼っていると、自分の好む視点をとる情報にだけ接する状況（フィルターバブル）になりがちで、いずれは、異なる意見をもった他者と共有する知識基盤そのものがなくなる。

5. インターネットメディア上では、利用者の考えや意図が即座に運営事業者に伝わり、（たいてい利用者の気づかないうちに）データとして蓄積される。利用者が積極的に情報収集しようとするほどデータは正確になる。

SNSから収集する利点

6. SNSを使えば、最新の専門知識や専門家の意見を直接知ることができる。

7. Twitterは文字数が限られているので、本格的な議論をすることは難しい。他のSNS等に誘導するための告知に使うのがよい。

8. Facebookでは、知り合いの日常投稿だけでなく、直接は面識のない専門家や有名人の投稿も、相手をフォローすることで読むことができる。

9. SNS上でのやり取りを通して、情報の信憑性や発信者の信頼性を判断する力を身につけることができる。

10. 本来は、訓練を受け経験を積んだ記者の発信するマスメディアの情報に対しても、情報の信憑性や発信者の信頼性の判断することが必要だった。しかし、マスメディアがコストをかけて情報の確からしさを維持してきたことなどから、これまで多くの読者・視聴者はこの種の判断力を意識的に身につける必要性を感じることが少なかった。

11. SNSで情報収集する前に、検索サイトで情報源を段階的に絞り込む。まず思いついたキーワードで検索し、検索結果のスニペット（要約文）から、より適当なキーワードを選んで再度検索する。異なる立場にある複数の専門家を探し出し、そのSNS上での発信内容などを実際に調べる。

12. SNSでの情報収集は、対立する複数の意見があることを想定し、それらを比較しながら進めることが重要である。

13. 多くの人が集まっているSNSを効果的に使えば、専門家に加え、無数の一般の人の意見を知ることができ、結果として、自分の考えの立ち位置を相対的に知ることもできる。

第4章 SNSによる情報発信の技術

4.1 📶 SNSを使うときの人間の心理を知ろう

SNSに情報を発信するのは、わたしたち人間です。その情報を受け取るのも、やはり人間です。つまりSNSを上手に使えるかどうかは、結局、人と人とのコミュニケーションがうまくできるかどうかなのです。ただし、SNSを間にはさんだときのお互いの心理状況は、直接対面でコミュニケーションするときとは異なることを、あらかじめ理解しておく必要があります。ここでは、SNS利用が人間の心理に及ぼす影響について確かめておきましょう。

4.1.1 SNS経由のコミュニケーションにつきまとう不安感

SNSを利用したコミュニケーションを上手に進めるためには、対面のときとは違う点に気を配る必要があります。たとえば、SNSでは嬉しさや驚きなどの心の動きをできるだけ「オープン」に表したり、より「親身さ」が伝わる表現を選んだりします。大学生世代のみなさんであれば、ごく当たり前に「！」「？」などの記号や顔文字、絵文字を積極的に文中に交えているでしょう。SNS越しのコミュニケーションが対面と比べて、特別扱いされる理由は、程度の差こそあれ、誰もがそこに不安や怖さを感じるからです。では、その不安や怖さの原因は何でしょうか。大きく二つの理由が考えられます。

手がかりの少なさ

理由の一つ目は、SNS越しのコミュニケーションは、文字に頼ったコミュニケーションだからです。文字に頼るコミュニケーションであるゆえに、誰もが大小の失敗を経験しています。慎重になるのは当然です。

普段は特に意識していないでしょうが、対面のコミュケーションでは、

第4章　SNSによる情報発信の技術

SNSのコミュニケーションで大切なのは「人間の心理」を知ること

　言葉そのものだけでなく、視線、表情や身ぶり手ぶり、声色や発話のテンポ、話す速度などといった言語外の要素が、お互いの気持ちを想像するのに重要な役割を果たしています。そのどこかに、言葉として表されているメッセージに反した「手がかり」があれば、「真意は言葉とは別のところにあるぞ」と解釈しているのです。
　ところが、SNSを利用するときには、そうした言語外の手がかりはすべて使えなくなってしまいます。たとえ、絵文字や顔文字、メッセンジャーで多用されるスタンプを交えて送ったとしても、容易に特定の感情を伝えられるわけではありません。
　SNSでは、相手がどんな表情で情報を発しているか、また自分からのメッセージをどう受け取ったかは、こちらからは見えません。自分の発したメッセージが相手にどのような心理的なインパクトを与えたかについて、何も情報を得られないのです。しかし、メッセンジャーでやり取り中の相手が、

4.1 SNSを使うときの人間の心理を知ろう

こちらの話をまじめに聞いてくれているのか、そうでないのかもわからなくては、メッセージを送った側の気持ちは満たされないでしょう。相手に即座の返信を期待する、既読無視を責めるなどの行動は、こうした欲求不満の現れと見ることができます。SNSでは、相手の置かれた状況を、自らの想像だけに頼りながら、手探りでやり取りを続けなければいけないことが多いのです。

このような言語外の情報を得にくいコミュニケーションは、手紙のやり取りのように、以前からありました。そして、相手の顔が見えず、手の届かない距離にいる相手とのコミュニケーションでは、人間は対面のときよりも大胆にふるまうことが知られています。相手をほめる、感謝する、好意を伝えるなど、面と向かっては照れくさいと感じるほどのポジティブな言葉も、手紙で文字に表すだけであれば、思い切ったことが書けてしまうものです。それとは反対の、非難する、怒りを伝える、攻撃するなどのネガティブな言葉も同様です。

手紙と同じことが、SNS越しのコミュニケーションにも当てはまります。

文字情報だけのSNSには、不安・怖さがつきまとう

第4章　SNSによる情報発信の技術

対面のときは感情の起伏を表さない相手が、メールやメッセンジャーになると、妙に親しげだったり、冗談が多かったり、プライベートに気安く踏み込んでくるということはないでしょうか。また逆に、ひどく冷淡になったり、無視したりといった攻撃的な行動も、しばしば見られるところです。

このようにコミュニケーション手段としてのSNSに、多少なりとも不安や怖さを覚えるのは、ごく当たり前の反応といえるでしょう。

応答のタイミングのはかりにくさ

SNSが不安や怖さを引き起こす理由の二つ目は、SNSのコミュニケーションに求められる、独特のスピード感にあると考えられます。

これまでのコミュニケーションでは、相手からの応答を期待するタイミングが明確でした。その場で話している相手とか、電話で通話中の相手に話しかけたときに、返事を待てるのはせいぜい十数秒というところでしょう。それ以上たっても何の反応もなければ、相手が自分の話を聞いていないか、何らかの理由で声が聞こえていないのではないかと疑うことになります。

一方、手紙では、往復に時間がかかることや、相手がそれを読んで、さらに返事を書くために時間がかかることから、すぐに返事がもらえると期待しても無駄だと誰もが知っていました。電子メールによるコミュニケーションでも、往復の配送の時間こそ実質ゼロになりましたが、相手がメールを開封し、それを読んだうえで返信メールを送ってくれるまでの時間を予測する手がかりが、どこにもないという事情は変わりませんでした。

ところがSNSでは、従来の複数のコミュニケーション手段がサービス内に組み合わせられています。また、メッセンジャーの多くには相手が開封したことを表示する機能が提供されています。なかには、ログインしているかどうかお互いに把握できるSNSもあります。相手からの応答を期待、予測するための手がかりが存在しているのです。

たとえば、SNSのメッセンジャーのやり取りでは、メールより早い返信を期待している利用者が多いと思われます。実際、メッセンジャーをメールよりも優先的に使い、数十秒から数分以内に返信してくれる相手もいます。しかし、そうした相手がメッセージを開封したにもかかわらず、返事

4.1 SNSを使うときの人間の心理を知ろう

がなかなか来ないとき、普段から返信が遅い人がそうするよりも、その理由や真意が気になってしまいます。他のことに集中しているときは、スマートフォンにメッセージの受信通知を表示させないと決めている人もいます。メッセンジャーだからメールよりも必ず早く反応をもらえると期待することはできないのです。

SNSのタイムラインへの応答のタイミングは、メッセンジャーよりもさらにばらつきが大きくなります。投稿の後、一分以内に「いいね！」がつくこともあれば、何週間も後になってから、投稿者にとって有用なコメントが投稿されることもあります。反応が何も得られないことがあっても、その理由はわかりません。アルゴリズムのせいでタイムラインに表示されなかったのか、単に見逃したのか、それとも投稿内容が気に入らなかったのか、気になりだすと止まりません。

SNSでは、相手の応答のタイミングを正しく予測することが、これまでのコミュニケーションより難しいのです。そのうえ、お互いの応答に期

電子メールやSNSの不安・怖さの正体は
応答速度がわからず、予想がつきにくいところ

第4章　SNSによる情報発信の技術

待するタイミングも大きく異なります。不安や怖さを感じても不思議はないでしょう。

4.1.2　グループでのコミュニケーションの難しさ

　SNSでは、グループ機能によって、複数の人が同時にコミュニケーションできる場をつくることは簡単です。しかし、グループでのコミュニケーションを役立つように維持するのは、簡単ではありません。

　実際に、せっかくLINEでグループをつくったのに、コミュニケーションがたいして盛り上がらずに終わってしまったという経験は、みなさんの多くがもっていることでしょう。なかには、グループでのやり取りが原因で、友だちと仲違いしてしまったという人もいるかもしれません。また、中学生や高校生のメッセンジャーのグループでは、すぐに開封して返信の書き込みをしないと仲間外れにされるので、スマートフォンのそばを離れられなくなるといった悩みを聞いたこともあるでしょう。

　SNSのグループでのコミュニケーションを上手に続けることが難しい原因の一つは、対面のコミュニケーションにも当てはまる単純なものです。つまり、参加する人数が多くなるほど、コミュニケーションは難しくなるからです。グループの人数が増えれば、メンバーの間では、ある話題についての理解度のばらつきが大きくなります。議論や共感の前提や出発点となる「共通の理解」を得るまでにかかる手間が増えるのです。また、人数が多いほど、立場やものの見方の大きく異なる人が含まれるようになります。多様なバックグラウンドの持ち主が集まるほど、議論や情報交換などのコミュニケーションから得られる成果も大きくなることが期待される一方で、成果を得るのに時間がかかります。

　また、グループでの議論や意見交換に特有の、社会心理学的な現象が起こることがしばしばあります。「集団極化」あるいは「集団極性化」などと呼ばれる心理現象です。ある話題についてグループで話し合いを続けていくうちに、一人ひとりは想像してもいなかったような、極端にリスクの高い、あるいは逆に極端に慎重な結論に達してしまうという現象です。グループでの話し合いを真摯に突き詰めるほど、およそ合理的とはいえない合意を形成してしまうわけです。そうした可能性について、グループのメンバー

4.1 SNSを使うときの人間の心理を知ろう

全員が意識したうえで、コミュニケーションの過程に、十分な注意を払う必要があるのです。

　もう一つの原因は、SNS特有のコミュニケーションの難しさによるものです。前項でも説明したとおり、SNS上のコミュニケーションは、お互いの真意をはかるための手がかりが、対面に比べてきわめて少ないコミュニケーションです。書き込まれた文章だけでは、相手の真意が判断しにくく、さらには、その書き込みへの周囲の反応の本音も、想像でしか補うことができません。応答のタイミングなど、グループでの議論や情報交換のペース配分も人によってまちまちです。そのため、期待していたタイ

グループでのコミュニケーションの場合、
さまざまな情報を有効に活かすためには
役割・ルールを事前に決めておくことが必要！

第 4 章　SNS による情報発信の技術

ミングで返答が来ないだけで、疑心暗鬼になったり、よけいな詮索を始め
たりします。SNS 上では、スムーズな合意形成や、多様な意見のよいと
ころを学び合うことが、いかに難しいか、容易に想像できるでしょう。

　また、SNS のサービスごとに、グループでのコミュニケーションを支
援する機能に大きな違いがあることも、グループでのコミュニケーション
が難しい背景の一つです。たとえば、グループを構成するメンバーを限定
できない SNS では、議論や意見交換に関わりのない人も、勝手にグルー
プに出入りできてしまいます。そのために、適切な合意形成が妨げられた
り、秘密が守られなかったりする心配も出てきます。また、あらかじめ、
グループ内に議長役や管理者役の人が、特定のメンバーの書き込みを承認
できる、あるいは、特定のメンバーを排除できるといった特権をもつと認
めておくことが、多様なメンバーで構成されるグループのコミュニケー
ションには欠かせませんが、そうした機能が提供されていない SNS もあ
ります。世間話や井戸端会議的にコミュニケーションを続ける目的であれ
ば気にする必要はありませんが、より生産的な話し合いをしたい、あるい
は、メンバー間に対立が生じる話題を取り扱いたい場合などには、そうし
たコミュニケーション支援機能の有無を確認しましょう。

4.1.3　認めてもらいたいという心理

　SNS への投稿で後悔したことや、SNS での対人関係に何らかの変化を
感じたことが一度もないという人はまず見あたりません。「何気ないひと
ことで他人を傷つけてしまった」「不用意な投稿で、自分の信用を失墜さ
せた」などの自他ともにつらい失敗とまではいかなくても、「旅行などで
盛り上がりすぎ、後から冷静に振り返ると、投稿回数や不要な内容が多す
ぎて恥ずかしかった」「よく知らない話題だったにもかかわらず、思いつ
きでもっともらしくコメントしてしまい、詳しい人から指摘されて気まず
かった」といった自分だけが感じる後悔、「SNS の通知があるたびに、我
慢できずにすぐ確認してしまう」「SNS の通知が来ていないか、いつも気
になるようになった」のように、自分自身の行動の微妙な変化は、誰しも
思い当たるのではないでしょうか。

　こうした後悔や行動の変化の背景にあるのは、「他者に認めてもらえる、

98

ほめてもらえることは嬉しい」「またほめてもらいたくて、それを繰り返してしまう」というごく自然な心の動きだと考えられます。この気持ちを完全に抑えることは誰にもできません。

対面のコミュニケーションで、相手の名前と顔を覚えて正しく呼ぶことや欠かさず挨拶をすることが、ごく基本的なマナーとされているのは、こうした心の動きの存在に基づき、他者との心理的な距離を縮めるための、社会生活上の知恵の一種だと考えることができるでしょう。しかし、ごく普通の日常生活を送るわたしたちが、名前を覚えてもらう、挨拶するといったレベルを超えて、行動一つひとつについて、承認欲求を満たせる機会は、幸か不幸か少ないのです。

思い返してみればみなさんも、子どもの頃は、家庭や学校でほめられる機会が多かったはずです。しかし、成長するに従って、ほめられる機会は次第に減ってしまいます。大人は、認めてもらう機会に飢えているのです。

そうした普通の大人にとって、SNS は「他者に承認される」という快感を、ごく簡単にしかも継続的に獲得できる、きわめて特殊な場です。Twitter や Facebook などの SNS で、投稿した側が目にするのは、投稿に対するアクションとして用意されている「いいね！」のような、前向きな表現のボタンが押された数だけです。

多くの SNS では、受け手が投稿に対して、実際には「まあ普通だね」「たいしたことない」「ダメなんじゃない？」などの、否定的なニュアンスを感じたとしても、積極的に表現するには手間がかかるようにつくられているのです。リツイートやシェアのような、本来は投稿に賛同を表すかどうか、それだけでは判断できないアクションですら、投稿した側は、自身への注目や賛同の度合いを示す指標としてとらえてしまいがちです。

そして前項でも触れたとおり、SNS を介することで受け手の側も、面と向かった相手に対するよりも、深く考えることなく気軽に、ほめることができます。わざわざコメントを書くのは面倒でしょうが、リツイートやシェアなどのボタンを押すだけでよいなら、心理的なハードルはさらに下がります。

その結果として、投稿した側は、対面のコミュニケーションでは得られない、数多くのポジティブな反応を、普通なら期待できない短い期間に得

第4章　SNSによる情報発信の技術

「認められる快感」を味わうと、さらに大きな快感を味わいたくなる。SNSは特殊な環境であることを踏まえておこう。

るのです。普段から人前で賞賛されることに慣れている売れっ子のタレントなどは別として、これで嬉しくならない人がどのくらいいるでしょうか。

　こうして他者からほめられる、認められる快感を一度味わうと、人は再びそれを欲するようになります。繰り返すうちに、より大きな快感を味わいたくなる人も出てきます。普段、周囲からの適切な承認に欠乏感がある人ほど、快感の報酬を強く求めるようになるのです。そのうち、より多くの「いいね！」やリツイートを獲得するためだけに、パクリ投稿をしたり、人の目に留まりやすいような刺激的な表現を選んだりする人も出てきます。友人どうしでの狭い範囲でやり取りをしている間は、問題は表面化しないでしょうが、交流の範囲が広がり、SNSへの情報発信に慣れれば慣れるほど、危険な領域に近づくことになります。SNSは、承認欲求を満たしやすい特殊な環境だということを忘れずにいることが大切です。

4.2 📶 目的に合った最適な SNS を選ぼう

　わたしたちが情報を発信する際には、その裏に必ず何らかの目的や意図があります。自分の考えを広く世間に知らせて社会を変えたいなどという大それた目的を意識して、SNS に接しているという人は、それほど多くはないかもしれませんが、Twitter や Instagram に今日のランチの写真を載せるなど、自身の日常的・個人的な体験を投稿するときでさえ、そこには共感してほしい気持ちを満たすという情報発信の立派な目的や意図があるのです。

　とはいえ、いつも同じアプリに何となく投稿しているとか、友人が使っているからこのアプリを使っているという経験だけでは、いざ何かをSNS に投稿しようとして思い立っても、その目的や意図を達成することは難しいでしょう。ここでは、自らの情報発信の目的を確かめる際のチェックポイントと、それに合わせた上手な SNS の使い分けを解説しましょう。

4.2.1　情報発信に SNS を使う目的・意図をはっきりさせよう

何となく使い始めた人がほとんど

　みなさんが SNS の利用を始めたきっかけは何だったでしょう。案外、友人知人との連絡に便利だから、趣味の世界の情報収集をするために、すでに使っている友人から誘われたからなどのカジュアルな理由が多いかもしれません。日本中、世界中に自分の主張や作品を発信したいから SNSを始めるなどというのは、日本の大学生ではかなりの少数派でしょう。

　しかし使い始めは「何となく」だったとしても、その後、周囲の友人や、フォローした著名人の投稿内容に「いいね！」をつけているだけでは満足できなくなる人は少なくありません。「認めてもらいたい」気持ちを満たすため、自分も積極的に発信を始めるのです。

　そして、わたしたちが SNS 上で単なる傍観者であることにとどまらず、「友だち」に対して「いいね！」をつける、コメントするなどのアクションを起こすことや、自分自身でも投稿を始めることを、SNS 運営事業者も強く期待しています。そういった行動を促すしかけが、SNS のあちこち

第 4 章　SNS による情報発信の技術

に散りばめられています。

　もちろん、利用者に参加を促すための運営事業者側からの働きかけやしかけは、SNS に限らず、インターネット全般にいえることではあります。しかし、同じ発信行動でも、Amazon などのオンライン通販サイトで購入した商品にレビューをつけるとか、匿名の掲示板サイトで知らない相手と議論するなどの心理的なハードルの高いアクションと比べると、SNS で期待されているのは、友人知人とのやり取りという比較的簡単で日常的なアクションです。実行にあたっての心理的なハードルは驚くほど低いのです。そして一度でも投稿してみると、前述のように、普段は得ることが難しい「承認される快感」が容易に、しかもたくさん得られます。また、不特定多数の商品に適切なレビューを書き続けることには、相当の努力が求められますが、自身の日常を少しずつ、無難な写真入りで報告する程度なら、その後も発信を続けられるという人が少なくありません。そうしたSNS 利用は、離れている友人知人とのつながりを保つのには、十分有用

です。結果として、世界中の SNS にランチの写真とペットの写真が溢れかえっているわけです。

　友人知人との交流のために情報発信を続けることは無駄ではありません。しかし、今後の人生で、SNS をより広い範囲への情報発信にも活用したいと考えるのであれば、SNS と自分の関係を見直してみることをおすすめします。自分は毎日、SNS を熱心に眺めてはいるけれど、果たして「使っている」「使わされている」のどちらなのだろうと振り返ってみるのです。

利用のリスク評価が可能に

　周囲に合わせ、成り行きまかせでの SNS 利用を続けていく場合に、最も問題になるのは、インターネットを利用した情報発信につきもののリスク評価が難しいことでしょう。悪用を防ぎ、プライベートを守る観点からは、インターネット上に自分や家族、周囲の友人の動静や写真を投稿することは、極力避けるべき行動です。しかし、それを恐れるあまり、まったく SNS を使わないのは、情報収集・発信の貴重な機会（経路）の損失につながります。「使わされている」ままでは、こうした SNS の利点と欠点のどちらをどの程度重く見るべきか、判断の基準がもてません。

　何ごとも、自分が達成したい目的とそのとき得られるモノ、コトがはっきりしさえすれば、それと比べることで、失敗など、万一の際の損失をどこまで許容できるのか、決めることが可能になります。たとえば、SNS を利用している遠方の友人や親戚などおらず、いつも顔を合わせて情報交換や近況報告をすることができる範囲で生活していて、それに満足だという人が、リスク覚悟でわざわざ SNS に参加したり、個人的なことを発信したりする必要性は低いでしょう。

　一方、周囲との交流や情報交換の範囲を、距離的、時間的な制約を超えて広げていきたい、それを維持したい人には、多少のリスクは許容しながら、SNS を積極的に利用するほうがよいという結論になるはずです。

　また、情報収集・発信ともに、利用の目的を明確化することで、本当に SNS を経由することが必要なのか、有効なのかという点に適切な判断を下すことが容易になります。たとえば、自らの思考の過程をメモしたいな

第 4 章　SNS による情報発信の技術

ど、情報の蓄積が目的であれば、後から自分の投稿を検索しにくい一部の
SNS の利用は必ずしも有効ではありません。情報を届けたい層があまり
利用しない SNS に発信しても意味がなく、別の SNS とか、場合によって
は冊子の配布、メールマガジン発行のほうが有効ということもあるでしょ
う。

　ちなみに、SNS を通じて気持ちを共有することやプライベートを公開
することに、価値がないということではありません。主義主張や専門性の
高い意見交換だけでなく、家族との時間の過ごし方など生身の人間を感じ
させるプライベートなエピソードを交えた情報発信を、自らバランスをと
りつつ、大きなコストをかけずに実行し続けられるのは、SNS というメディ
アの強みだからです。

　いま大学生のみなさんは、近い将来、交流や行動の範囲が大きく広がる
予感をもっていることと思います。そのときになって慌てるのではなく、
試行錯誤をする余裕があるいまのうちに、実践を通じて SNS との関係を
見直しておきましょう。

4.2.2　使い分けのために知っておきたい主要 SNS の違い

　一口に SNS といっても、いろいろな種類があります。利用率や用途は
性別や年齢層によって大きく異なりますが、日本国内で利用者が多い
SNS は、LINE、Twitter、Instagram、Facebook といったところでしょう。

　この本の冒頭（1.1.2 項「SNS の 5 つの要素」）で紹介したように、いずれ
の SNS も、似たような機能を提供しているので、用途を友人との連絡や
情報共有に限るのであれば、どれでも気に入ったものを選べばよいでしょ
う。しかし、より広い範囲を想定して、何らかの目的を達成するために
SNS を利用するのであれば、使い分けのために、それぞれのサービスの
特徴や違いを把握しておく必要があります。また、同じサービスであって
も、情報発信のねらいによって、投稿した記事・写真の公開の範囲を適宜
調節する必要があります。SNS の使い分けに「一つの正解」はありません。
また、一つの SNS だけで情報発信の目的を達成できることは少ないでしょ
う。複数の SNS を組み合わせて使うことを考え、試してみることが必要
です。

104

LINE

　多くの日本人にとって最も身近なSNSはLINEでしょう。LINEは、ダイレクトメッセージの交換機能に主眼を置いて開発されたアプリです。日本ではどの年齢層においてもLINEの利用者がきわめて多いです。もともと閉じられた空間でのやり取りの安心感や手軽さが売りのアプリなのでLINEを起点にしてインターネット上の広い範囲へ情報を発信するには、他のアプリと組み合わせた利用を考えることが必要になるでしょう。また、他のSNSと比べ、グループの作成やメンバーの追加・削除が簡単なことも特徴の一つです。さらにLINEの場合、海外での利用者は、台湾、タイ、インドネシアなど、特定の地域に偏っていることも知っておきましょう。

Twitter

　Twitterは、一つの投稿の文字数が140文字以内[1]に制限されている「手軽さ」が最大の特徴です。そのため、文章の構造や展開を深く考える必要

1：2017年11月から、英語などいわゆる1バイト文字の言語圏については、280文字が上限になりました。

第4章　SNSによる情報発信の技術

がなくアイデアや自分が見つけた情報を周囲と共有する、とりあえずのメモ代わりの場とするには最適です。短い時間でもその投稿全文にざっと目を通すことが易しいという点で、情報の受け手の側にも、扱いやすいメディアといえます。「リツイート」と「お気に入り」のボタンを押すだけで、フォロワーのタイムラインにもその投稿が表示されるため、すばやい情報の伝播が期待しやすい点も特徴の一つです。TwitterはSNSというよりもともと「ミニブログ」などと呼ばれるほど、インターネットらしく開放された自由な空間でのやり取りが基本となっています。いまのところ欧米各国でも広く使われているアプリです。海外も含めた情報収集や発信のためには、最も有力な候補だといえるでしょう。ただし、日本国内でのTwitter利用率は、諸外国と比べるとそれほど高くありません。また、利用者の年齢層にも偏りがあり、日本では若年層が利用者の主体です。匿名利用率が高いのも特徴です。

　英語圏の利用者とは違い、短い字数で複雑な概念を伝えやすい漢字が使える日本語圏の利用者は恵まれているものの、一投稿あたり140文字という制限は、まとまった主張や発信をするには物足りない分量です。これを補うために「ひとまとまりのもの」として複数ツイートを連投する人もいますが、結局、フォロワーのタイムライン上でもバラバラになりがちで、もともとの趣旨がたどりにくくなります。さらには、まとまった投稿の一部だけがリツイートされると言葉足らずのまま、独り歩き的に誤解が伝播してしまう怖さもあります。

　あるツイートを起点に、Twitterを議論の場として機能させるのは困難です。発信した情報が広がるほど、ちょっとした語法の誤りや書き口調の不備などについて、「揚げ足取り」的な指摘や批判が多数届きます。したがって、インターネット上で本格的に議論を深めたい場合には、Twitterで議論が完結するとは最初から考えず、自身のブログや文字数制限のない他のSNSなど、いわばインターネット上の自分の本拠地への誘導を目的とするほうがよさそうです。

Instagram

　日本でも短期間で利用者を増やしつつあるSNSがInstagramです。写

真や短い動画の共有に特化したユーザーインタフェイスになっています。また「ハッシュタグ」と呼ばれる、短いキーワードが付与されている投稿が一般的で、情報の受け手にとっては範囲を絞り込んだ検索や閲覧が可能です。画像を主体とした情報は、文章主体の情報よりも直感的な理解が可能ですので、「日本語」の壁を超え、諸外国でも情報が伝わりやすいことが最大の特徴といえるかもしれません。実際に、個人で活動するアーティストや観光客を誘致したい地方公共団体が、海外向けに発信する場面などで注目されています。

Facebook

Facebookは、世界中で最も利用者の多い巨大SNSです。日本の利用率は、米国などと比べてかなり低いですが、中高年層に限ってはTwitterやInstagramよりも広く受け入れられているSNSです。中高年層の利用者が多い分、受け身で参加している利用者も目立ち、全体としては、毒にもクスリにもならないような近況報告の投稿も少なくありません。グループ管理をはじめとしたSNSの各機能が充実しているので、利用目的や意図がはっきりすれば、情報発信先としてさまざまな使い道が考えられそうです。

4.2.3　特定のSNSに頼ったときのリスク

いずれのSNSも、それぞれに便利で魅力的な情報発信の経路です。よく工夫されたユーザーインタフェイスから、わずか数タップ（あるいは数クリック）で、さまざまなコンテンツをアップロードできます。情報の広がる速度や範囲、利用者層の特徴などを考慮し、ときには役割分担を考えながら複数のSNSを併用すれば、発信した情報を驚くほど広く伝えることが期待できます。

とはいえ、注意すべき点がまだ残っています。それは、いったん投稿したコンテンツは、将来にわたって、必ずしもわたしたち利用者の思うようには取り扱われないかもしれないという、SNS特有のリスクです。

預けたコンテンツの取り扱いは運営事業者次第

Google、Amazon、Apple、Microsoftなどによる、いわゆるクラウドサー

第 4 章　SNS による情報発信の技術

ビスの存在感が圧倒的になった現在では実感しにくいかもしれませんが、本来、インターネットは、自分の管理下にあるコンピュータを ISP（インターネット・サービス・プロバイダ）経由で接続するなどして、利用者それぞれが自身のコンテンツを自由に「持ち寄る」ことで成り立っていた世界でした。しかしいまでは、つくったコンテンツの配布や保管をクラウドサービスや特定の SNS に完全に任せている個人が多くなっています。

　もちろん多くの SNS は、利用規約上、わたしたち利用者の投稿の知的財産権を最大限に尊重すると書いています。たとえば Twitter は利用規約の「3. 本サービス上のコンテンツ　ユーザーの権利」の冒頭で、「ユーザーは、本サービス上にまたは本サービスを介して自ら送信、投稿または表示するあらゆるコンテンツに対する権利を留保するものとします。ユーザーのコンテンツはユーザーのものです。すなわち、ユーザーのコンテンツ（ユーザーの写真および動画もその一部です）の所有権はユーザーにあります。」と、くどいほど強調しています[2]。しかし、こうした利用規約上の

─────────
2：https://twitter.com/ja/tos（2016 年 9 月 30 日発効の利用規約文面）

4.2 目的に合った最適な SNS を選ぼう

書きぶりがどうであっても、SNS 上のコンテンツの現実の取り扱いを左右するのは、わたしたち利用者ではなく、あくまでも SNS それぞれの運営事業者だと理解しておきましょう。Twitter でも、先ほどの記載の直後に、「ユーザーは、(略) かかるコンテンツを使用、コピー、複製、処理、改変、修正、公表、送信、表示および配信するための、世界的かつ非独占的ライセンス (サブライセンスを許諾する権利と共に) を当社に対し無償で許諾することになります。」と書いています。

わたしたちが、投稿者にいちいち許可を取らずにリツイートできたり、他者のツイートをブログで紹介したりできる根拠として、この合意があるということです。その他の場面でも、いったん投稿したコンテンツがどう使われるのかについて、運営事業者側の裁量は大きいのです。

また、同じく利用規約の「4. 本サービスの利用　本規約の終了」を見ると、規約違反などの条件をいくつかあげたうえで「理由の如何を問わず、または理由なく、いつでもユーザーのアカウントを一時停止もしくは削除するか、本サービスの全部または一部の提供を終了することができます。」とされています。運営事業者の意向に反する利用者は、SNS から追い出される可能性があるのです。他者になりすます投稿者や、攻撃的で悪質な投稿者を排除するためには必要な規定ですが、その運用はあくまでも運営事業者が決めるもので、利用者には不服をいう余地はほとんどありません。

同じく Twitter のヘルプセンターには、「運営の痕跡がないアカウントに関するポリシー」[3] として、「6 か月ごとにログインして、ツイートするようにしてください。アクティブでない期間が長期にわたると、アカウントが恒久的に削除される場合があります。」とも書かれています。実際には厳密に運用されていないようですが、休眠アカウントはもともと認められていないということです。

大切な自分のコンテンツを守るために

もちろんいまでは、SNS に限らず、他者が運営する何らかのサービスを一つも利用せずに、インターネットに参加して、情報発信するというこ

3：https://support.twitter.com/articles/253566

第 4 章　SNS による情報発信の技術

とはほとんど考えられません。また、多くの SNS では、利用規約の内容は常識的なものであり、一般的な情報発信をするうえでは、利用規約に従うことが特段の支障になるとは考えにくいでしょう。

　しかし、わたしたち利用者は、あくまでも運営事業者の定めた一定の範囲でしか利用できず、サービス自体の永続性、システム障害発生の可能性なども含め、自らが作成したオリジナルのコンテンツの掲載、保持が保証されているわけではありません。無償で利用できる SNS の場合には特に、わたしたちは運営事業者とは対等な立場にはないことを、常に意識しておくことは重要です。

　また、過去に投稿したコンテンツを探し出しにくい SNS や、文章や写真のバックアップ（データのエクスポート）が行いにくい SNS も見られます。ひょっとすると、そうした SNS は、従来のインターネット全体の文脈とはかかわりなく、利用者がその SNS の定義した世界の中だけで活動することを期待しているのかもしれません。提供されている検索、バックアップ、リンク URL の発行などの機能を、他の SNS と比較してみることで、その SNS 運営事業者の本音が透けてみえるようにも思われます。

　組織ではすでにそうなっていますが、将来は個人の間でも、SNS とは別に、独自のドメインを取得して、インターネット上のどこかに自身の本拠地ともいえる、自分のポリシーで運営できる場所を確保することが常識となるかもしれません。苦労してせっかくつくったコンテンツが、予告なく消されてしまうかも、URL が変わってしまうかもと不安をもちながらSNS だけに投稿するのではなく、必ず自分自身のサイトにも並行して公開、蓄積しておくのです。

4.3 📶 相手に伝わる SNS での書き方とは

　SNS に限らず、相手にうまく伝わる文章が書けないと悩む人は少なくありません。一昔前までは、文章を書くといっても、個人的なものは手紙くらいで、書かなければいけない機会もそれほど多くありませんでしたから、苦手意識をもったまま、逃げ回って済ませた人もいたでしょう。しか

4.3 相手に伝わる SNS での書き方とは

し、メールや SNS が普及した現在では、個人的な文章をどう書くのかということは、誰にとっても身近で避けることのできない問題です。

みなさんのなかには、メールやメッセンジャーで自分の気持ちを伝えるのに苦労したことなどないという人もいるかもしれませんが、どうすればうまく伝わるように書けるのかについて、あらためて考えてみましょう。また、スマートフォンやパソコンなど、画面（スクリーンで）読まれることが前提の文章と、紙で読まれる文章とでは、書き方で注意する点に違うところがあるのでしょうか。ここでは、一般的な文章作成テクニックの話ではなく、SNS への投稿を前提とした文章の書き方について、注意したい点や上達のヒントをあげていきます。

4.3.1 紙と画面では書き方が変わる

読む側の状況に大差

紙に印刷された文字を読む手紙や雑誌、書籍、新聞などと、スマートフォンやパソコンの画面に映し出された文字を読むメールやメッセンジャーで、最も異なるのは文章を受け取る側の気持ちの余裕です。わたしたち自身の接し方を思い出してみればわかるとおり、紙に印刷された文字を読む場合、情報の受け手は腰を据え、読むための姿勢を整えているのが普通です。時間に余裕がないときは、紙の文字を読む気になどなれない感覚と説明できるかもしれません。

ところが、画面に映し出された文字を読む場合には、受け手の気持ちに余裕があり、腰を据えた読み方になっていることは、ほとんど期待できません。特にスマートフォンでは、パソコンなどと比べて小さな画面にもかかわらず、スクロールやタップをすれば、その先にたくさんの情報が提供されています。それを知っているわたしたちは、一つひとつの文章や写真に注目・集中してその中身をじっくりと受け取ることができずに、どんどんスクロールなどの操作を続けてしまいがちです。移動中などのちょっとしたすきま時間にスマートフォンに目を向けることが習慣化している人も少なくありません。むしろ時間に余裕がない状況のほうが、より積極的にスマートフォンを利用しているかもしれないほどでしょう。

111

第4章　SNSによる情報発信の技術

詰め込みすぎず読みやすく

　したがって画面で読まれることが前提の文章は、そういった受け手の状況に合わせて、文章全体を短くすればするほど、しっかりと読まれる可能性が高まります。普通の人が1、2分以内に余裕をもって読み切れるのは、おおよそ800〜1000文字前後といわれます。わたしたちの注意持続時間が年々短くなっていることを考え合わせると、2000文字を超えるような長い記事は、最後まで読んでもらえる確率は低いと考えるべきでしょう。たとえ詳細の情報を多少省いたとしても、なるべく短くまとめたほうが、発信者の意図も伝わりやすくなると考えられます。

　そのうえ、画面上では、レイアウトの体裁を書き手がコントロールすることが難しいのです。この本もそうですし、雑誌や新聞もそうですが、紙の上では文字のデザイン（フォント）から文字サイズの選択、一行の長さ（文字数）、行間、ページの上下左右の余白に至るまで、専門家が適切に設計、コントロールしていることが普通です。ですから長い文章ほど、画面と紙とでは読みやすさに大きな差が出ます。

　最近でこそ、一部のブログサービスにおいて、画面上の表示に気を遣い、じっくり読ませようとする事業者が現れてはいますが、いまのところ、画面での読みやすさを強く意識した文章表示のしくみを提供している主要なSNSはありません。また文字数やレイアウトに関係なく、そもそも発光している画面を眺めるのは、紙を眺めるのと比べて、目への負担が大きく、SNSは長い文章を読ませるのに不向きなのです。

　わたしたち利用者がSNSに書くときにできる工夫は、同じ量（同じ文字数）の文章でも、改行の位置や回数、段落間の空白をうまく使うことで、適切に「すきま」を確保することです。名調子の長文よりも、ぶっきらぼうでも箇条書き的でシンプルにまとまっている文章が、発信者の意図をしっかりと伝えることが期待できるのです。

　さらに、紙と違い、画面上の文章は、冒頭から結末まで、きちんと順序立てて読まれることすら期待できません。したがって画面で読まれる文章の場合には、時候の挨拶のような決まり文句の重要度は低くなります。業務連絡メールの「あるべき姿」がすでにそうなっているように、ポイントを絞り、重要な要素から順番に文章のなるべく冒頭に提示する必要がある

わけです。

検索されやすさなど、出入りの間口を広げる工夫を

インターネット上に掲載される文章は、それ単体で完結することを意識しすぎないほうが、よりシンプルにポイントを絞り込めるでしょう。何より、文中の重要語句の選び方さえ間違わなければ、検索サービスが必ずそれをキーワードとして発掘してくれます。検索サイトから当該ページへと、そのキーワードに関する情報を探している読者が確実に流入するものです。そのためには、人名、地名、店名や建物の名前、各種の商品名や型番など、文章内に提示する事実関係は、勝手に省略することなく、差し支えのない範囲で、できる限り具体的かつ正確に表記されていることが望まれます。

さらには、オンラインの文章だからこそ、ハイパーリンクを積極的に使うことができます。文中の必要な箇所に、適切なページのURLへのリン

第 4 章　SNS による情報発信の技術

クを埋め込んでおけば、事実関係や経緯、背景などを、すべて自分自身で
説明する必要がないことも多いのです。もちろん、書籍や雑誌など、紙に
書かれた文章でも、注釈や参考文献として、異なる情報源を紹介すること
はできますが、読み手の立場からは決して使いやすいとはいえません。情
報発信の際は、受け手にとって貴重な情報源であろうとする姿勢が何より
大切です。オンラインの文章らしく、「出入りの間口」を広げるための工
夫を、ぜひいろいろと試してみましょう。

4.3.2　伝わる書き方は、紙でも画面でも同じ

伝わる書き方の身につけ方

　紙なのか画面なのかにはかかわらず、相手に伝わる文章を書けるように
なるのに役立つのは、まず、数多く書くことでしょう。

　もちろん、わたしたちが自分以外の誰かに、自分のアイデアやモノの見
方を伝える前には、それを自分の頭で組み立て、見直すという過程が大切
です。しかし、ただ自分の頭の中で温めているだけでは、アイデアは磨か
れませんし、文章での伝え方も上達しません。

　うまくいくかどうかは別として、まずは書いてみて、それを他者に読ん
でもらうというサイクルを、何度も繰り返すことが必要です。

　残念ながらこれまでは、自分が書いた文章に対して、即座に他者の反応
を確認できる機会は稀でした。しかし、SNS に文章を投稿すれば、「いい
ね！」の有無や多寡のようなある程度定量化された指標で、自分の書いた
文章の伝わり方や反響をうかがい知ることができます。まったく反応が見
られない場合には、それも雄弁な判断材料になります。また、何らかのコ
メントがつけば、読み手の反応をさらに具体的に知ることが可能です。的
はずれな質問や感想が多数を占めるようであれば、書いている側が何かを
修正する必要があるというわけです。

　この「書く」→「読んでもらう」→「反応を測定する」→「内容や書き方を
変えてまた書く」というサイクルが、伝わる文章を書くためには非常によ
い訓練になるのです。また自分の努力次第で、このサイクルを短い期間で
何回転もさせる機会が得られるのが、SNS の大きな魅力です。

　もちろん、単に「いいね！」が多いことを目指そうというわけではあり

114

4.3 相手に伝わるSNSでの書き方とは

ません。文章を書いてSNSに投稿するときに思い描いていた、「受け手が誰なのか」「どんなアクションを期待しているのか」に沿った反応が本当に得られているのかどうかに集中することが大切です。極端にいえば、SNS上のたくさんの「友だち」や「フォロワー」のなかで、たった一人か二人の仮想ターゲットの反応が得られなければ、どんなに多くの「いいね！」がついても、その投稿は目的を達成できていないのです。

わたしたちは、文章を書く（情報を発信する）最終的な目的が、自分の思いを伝える（読み手にわかってもらう）こと止まりではなく、それを受け取った相手を動かすことにある点を、つい忘れがちです。SNSでも同様で、「相手に伝わる」とは、「相手に期待している動きをこちらがわかりやすく提示」するだけでは不十分で、「その動きを実行すべき理由を相手が納得」することまで意識して情報を発信することが必要なのです。

自分ではなく、動くのは相手です。そこで、伝えたいトピックについて、相手の状況、予備知識や経験、情報を受け取った際に予想される反応などを、どこまでリアルに想像できるかが、書き方について検討する際の最初

第4章　SNSによる情報発信の技術

のポイントになります。SNSの場合には、リアルタイムで相手の反応を知ることが難しいので、もし、まったく相手のことを知らないとか、具体的に思い浮かばないようであれば、SNSのタイムラインやメッセンジャーにやみくもに文章を書き始めることはいったんやめて、相手についてよく調べるとか、場合によってはSNSを使わず、直接話をしてみることを優先してみましょう。

何をどのように書いていくべきか

　SNSで自分のアイデアや意見などを広く発信する際には、そこに一つでも何か新しい、自分ではオリジナルだと思える要素が含まれていることが望まれます。自分なりの新規性がまったくないのであれば、わざわざ苦労して情報を発信する必要はありません。

　もちろん、わたしたちが何かのアイデアや見方を考えついて書き出すときに、すべての要素がオリジナルだということは、まずありえません。が、そのこと自体には何の問題もありません。「巨人の肩の上に立つ」という言い方があるように、これまでも先人の積み上げた業績を基礎として、さらにそれを発展させることが、人類が続けてきた知的な営みだからです。何か一つでも、新しさやオリジナルが加わればよいのです。

　情報の「新しさ」には、いろいろな種類があります。他の誰かではなく、書き手自身が実際に見たこと、感じたこと、聞いたこと、信じていることに基づいてさえいれば、自信をもって発信するだけの価値があります。そして、発信した情報に対して、すぐに反応が得られるのがSNSの強みです。情報に何の新規性もないのであれば、すぐにその旨の指摘を受けたり、読み手の反応が芳しくないことなどで観察できるでしょう。

　文章の書きぶりや文体などについても、最初からオリジナル性や新しさを求める必要はありません。広告のキャッチコピーや、新聞や雑誌の記事見出しなどとは異なり、わたしたちがSNSで行う情報発信では、表現そのもので人目をひくことの優先度は低いのです。

　とはいえ、文章の書き方を一定にすることは、いずれ必要になるでしょう。同じ人の投稿なのに、毎回異なる雰囲気の文体だというのは、読む側に混乱が生じるうえ、愛着をもってもらいにくいなど、あまり好ましいも

のではないからです。文章の達人といわれる人たちは、好きな書き手の文章を繰り返し書き写すことで、その文体を身につけていくといいます。言葉づかいや単語の選び方などが自然と身につくのです。また上手に書く人は総じて、たくさんの文章を書く以上に、たくさんの文章を読んでいるものです。伝わる文章の書き方を身につけたいと真剣に考えるのであれば、まずは SNS 上で著名な書き手を複数フォローして、毎日読む文章の量を増やしましょう。気に入った書き手が見つかったら、著書を手に入れて、さらに多く読むのもよいでしょう。

　もう一点気にしておきたいことは、「この人の書いていることなら、ちょっと読んでおこう」「この人の言っていることだから、きっとそのとおりだろう」と思われるかどうか、つまり信用の積み重ねによる判断が、情報の受け手の側にはいつも働いているという点です。多くの SNS には、特定の書き手を一定期間、継続的にフォローするしくみが備わっています。受け手の期待を何度か裏切ってしまうと、その後は、役立つことをわかりやすく書いても、相手の目には留まらなくなるという怖さがあります。期待の裏切り方にも、いろいろあります。「騙そうとして嘘を書く」とか「内容に誤りがある」という悪意や不備はもちろんですが、「新規性、独自性がない（いつでも、どこかで聞いたような話）」「納得できない（わかりにくい、違和感がある）」「言われたとおりに実行できそうにない（難しすぎる）」といった場合も、長期的には受け手の信用を失ってしまうのです。ちょっとした書き込みをする場合でも、こうした問題点がないかどうか、気に留めておくことが大切です。

4.3.3　コミュニケーションの失敗を過度に恐れない

　インターネットには「炎上」という言葉があります。SNS やブログなどの特定の投稿に対して、否定的なコメントを中心に驚くほど大量のコメントが寄せられ、当事者には事態の収拾が不可能になっている状況をいいます。その反響があまりに大きい場合は、投稿者の個人や組織が、インターネット上だけでなく、広く社会に対して公式の謝罪や損害賠償などの対応をとる事態に発展することもあります。

　炎上は、著名人が、社会的に不適切な投稿をして起きるだけではなく、

第4章　SNSによる情報発信の技術

無名の一般人のツイートなどでも、しばしば起きています。投稿した側には、悪意も罪の意識もないことがほとんどです。冷静に観察してみると、炎上する理由がそれほど明確ではないこともあります。

　みなさんは、ツイートや動画投稿で炎上を起こした投稿者が、第三者によって身元を暴かれ、プライベートをすべてインターネット上に公開されてしまい、本名で検索されるたびに、炎上の経緯が表示されるなどして、信用を将来にわたって失った事例を、中学生や高校生の頃から聞かされてきたことでしょう。「炎上は怖いもの」「炎上はダメなもの」と考えている人が多いはずです。

　ところが最近では、インターネットサイトへのアクセス数を稼ぐために、炎上を意図的に起こす、「炎上マーケティング」などという言葉も生まれています。普通に広告を打ち、話題になる記事を繰り返し公表して注目を集めるのは、大変なコストと労力、長い時間がかかります。しかし、炎上という現象を利用すれば、より簡単に、短い時間で、多くの人に知ってもらえるという発想です。当事者が「炎上マーケティング」を公言することは考えにくく、あるマーケティングキャンペーンの進め方について、第三者から批判的に使われることが多い言葉かもしれません。

　では、わたしたちがSNSの積極的な活用や、SNS上で伝わる文章の書き方を身につけようとする際には、炎上について、どのように考えておけばよいのでしょうか。炎上時に集まってくるコメントの多くは感情的なものです。特定の人やグループに、何らかのアクションを起こさせたいという目的のために情報発信する行為とは、まったく相容れない状況です。アクションを起こす前段階として注目を集めるために採用する手法としても、好ましくない副作用が大きすぎます。

　アクセス数が増えると広告収益や事業収益も増えるという、現在のインターネットやSNSについて回る評価軸がその背景にあるからこそ、炎上マーケティングという発想が生まれるわけです。そこに情報が本当に伝わっているかどうかを気にする真摯な態度は見られません。

　特に注意して避けたい炎上もあります。たとえば、国、地域、宗教などが異なる文化圏に厳然として存在する「安易に触れてはいけないこと」に関する炎上です。インターネットやSNSの利用の有無にかかわらず、そ

4.3 相手に伝わる SNS での書き方とは

の取り扱いにはきわめて慎重でなければいけません。また、SNS では対面でのコミュニケーションにつきものの、身体感覚や恐れのようなものが感じにくくなります。その分いっそう注意深く行動する必要があるのです。

また SNS は、普段の生活では接点をもつことのない他者との交流が生まれやすい場所です。SNS に参加するすべての利用者に、どんな他者に対しても、その多様性を受け入れ、敬意をもった態度を忘れないことが求められます。自分以外の他者を理解することは、言葉で言うほど簡単なものではありません。SNS 上でも違いを恐れ、つい否定したくなるのは、人間の本性なのかもしれません。しかし、自分と違う何かをいつまでも認められないのであれば、いずれ自分自身も SNS を経由して、他者から否定されるということを肝に銘じておかなければなりません。

冷静になって観察してみれば、誰もが同じ巨人の肩の上に立ち、とても小さな新しいステップを 1 段上がろうしているだけなのです。SNS 上で情報発信を行う際、いつも先人の積み上げてきた基礎に対して十分な敬意を払うことを忘れていなければ、他者の主張に違和感があったとしても、より高い視点から冷静に評価することができるはずです。また、SNS 上に多様な意見の持ち主がいるからこそ、わたしたちは新たな視点を獲得することができるのです。

SNS を活用するにあたって、炎上に代表されるような「コミュニケーションの失敗」を、過度に恐れないことを心がけてほしいと考えています。わたしたちが、とがった主張をしたときに、聞き手全員に主張が受け入れられることなどありえないのです。もっと極端にいえば、抵抗なく全員に受け入れられるような情報には、ほとんど価値がありません。どんな正論も、人の行動を変えるときには、必ず一定以上の抵抗が示されるのです。

また、わたしたちが SNS への発信にあたり、どんなに修練を積み、十分に準備をしたとしても、他者に対する「完全な」コミュニケーションなどありえません。わたしたちは一人ひとり違います。同じことを言われても、解釈は一人ひとり異なります。顔が見えず、相手の真意を知る手がかりが少ない SNS ではなおさらです。

むしろ、大切な学びの機会は、SNS でのコミュニケーションが失敗した後の対応にあります。発信した情報が言葉足らずだった、文脈が無視さ

119

第4章 SNSによる情報発信の技術

炎上＝「コミュニケーションの失敗」を恐れない！

れて言葉だけが独り歩きした、思うように伝わらない、スルーされた…など、SNSにはいろいろな失敗があります。その失敗から学べるかが重要です。

　コミュニケーションとは、情報が一方通行で移動することではなく、人と人との相互作用がある営みです。相手を変えようとするだけではなく、相手からのフィードバックに応じて、自分自身をも変えることが必要です。SNSでは、フィードバックがとらえにくくなるため、対面よりもいっそうの努力が求められます。わたしたちにその覚悟ができない限り、SNSを使った情報発信は永遠に不調に終わることでしょう。

4.3 相手に伝わる SNS での書き方とは

第 4 章のまとめ

個人にとって

1. SNS では、言語外の手がかりが一切使えないため、相手の状況（話者世界）を想像するのが難しい。

2. SNS では、相手のログイン状況や開封した時間についての情報があっても、それをもとに、相手からの返答のタイミングまでを適切に予測するのは難しい。

3. SNS 上のグループでのコミュニケーションは、複数の相手がいる分、相手の状況、返答のタイミングを予測するのはさらに難しくなる。

4. SNS によってはグループメンバーが固定されないこともあり、適切な合意形成が得られなかったり、秘密が漏れたりすることがある。

5. 円滑なグループでのコミュニケーションを行うために、SNS 上では、日常場面以上に、意見を管理したり、悪意のあるメンバーを排除したりする、世話役的な立場の人が必要になる。メンバーを管理する機能のない SNS は、本格的なグループコミュニケーションには向いていない。

6. 「いいね！」ボタンをはじめ、SNS には大人が手軽に承認欲求を満たすことのできる機能がある。また、日常場面ではありえないほど多くの承認欲求を満たす機会もある。承認欲求を得ることそのものが SNS を使う目的になってしまう人もいる。

7. 情報収集の目的を常に明確に意識することで、そもそも SNS を使うか否か、SNS を使うとして失敗をどこまで許容するか、その範囲を頭の中に入れておくことができる。

使い分けに必要な SNS の特長

8. LINE は、固定されたメンバーとやり取りを行うことに最適化されている。それ単独で不特定多数に向けた情報発信には向かない。

9. Twitter は、手軽に発信できる。想定外の反応も多いが、一つの発信が拡散されやすい SNS といえる。

10. Instagram は、画像や映像を主に使うため、言語の壁を超え、受信者の直感的な理解を得やすい。また、ハッシュタグを使って検索を行うことも可能である。

11. Facebook は、機能が多く、様々な目的に使える。

SNS 使用に伴うリスク

12. 利用規約に違反したと運営事業者が判断すれば、違反した投稿や、その利用者は排除される。

13. たいていの SNS は、過去の情報の検索やバックアップが難しい。SNS に情報を流すと同時に、自サイトに過去の情報を保存している人や組織も多い。

121

第 4 章　SNS による情報発信の技術

SNS への投稿の書き方

14. SNS 上の投稿は斜め読みされがちになるため、短く簡単にすべきである。ハイパーリンクを活用するとよい。あいさつのような決まり文句はたいてい不要である。

15. SNS を使えば、「いいね！」の数などから他者の反応を即座に、しかも定量的に得ることができる。コメントをもとに自分の書き方を改善することもできる。

16. 情報を受けとるたびに受信者側に発信者への信頼が積み重ねられていく。どの SNS を使うにせよ、文章の書き方は一定にしたほうがよい。

17. いわゆる炎上は、意図的に起こされるものでは通常ない。炎上時に集まる反応の多くは感情的なものである。

18. 炎上を起こさないためには、異なる他者の意見を受け入れる寛容さと心の余裕が必要である。

19. 意図まで完全に相手に理解されることなどありえないと考えたほうがよい。むしろ、誤解されたときに可能な限り早く関係を修復できることが重要である。

第5章 SNS活用の実践

5.1 SNSを離れ、一人で考える時間を確保することを優先

それまでのように漫然とSNSに接するのを止め、いざ活用しようと意識し始めると、熱心に取り組むあまりに、より多くの時間をSNSに費やすようになってしまう人が少なくありません。流行っているSNSアプリを自分のスマートフォンにインストールして、有名人をフォローして、タイムラインに流れてくるニュースや面白い投稿をチェックして、リンク先のサイトも楽しんで、気になる相手に次々と「友だち」申請をして、友だちの投稿には「いいね！」をつけて、そのうえで自分自身の投稿内容もよく考えて…と試してみるべきことには、きりがありません。

しかしそれでは、SNSに使われているだけで、活用することなどできません。本当に大切なことは、「SNSを離れ、一人で考える時間をどう確保するか」なのです。ここでは、多くの人が感じる「SNS疲れ」について、利用者側と運営事業者側の事情の両面から説明します。また、SNS利用時間が延びることによって犠牲にされがちな睡眠について、知っておくべき点を確認します。

5.1.1 ストレスを高める情報過多

スマートフォンが普及し、SNS利用が当たり前になってきたここ数年「SNS疲れ」という言葉が一般的になっています。「マイナビ大学生のライフスタイル調査」[1]によれば、大学生の半数以上が「SNSで人と交流することに疲れたと感じることがある」と回答しています。特にSNSの1日あたりの利用時間が長い人ほど「疲れ」を感じる傾向が見られるようです。

1：マイナビ「2017年卒マイナビ大学生のライフスタイル調査」
https://saponet.mynavi.jp/wp/wp-content/uploads/2016/11/lifestyle_2017.pdf

第5章　SNS活用の実践

　朝起きたら、まずスマートフォンの画面でLINEアプリに表示されている通知を確認し、通学の途中にはTwitterで未読のタイムラインを消化し、授業の合間に再び新着通知をチェックし、お昼ご飯を食べながら投稿し、帰宅後も入眠の直前までグループトークに付き合う…。こんな使い方を続けていれば、「SNSで人と交流することに疲れを感じる」のも無理はありません。

　たしかに、SNSで友人知人とコミュニケーションをするときには、独特の緊張感が求められます。親しい友人から受け取ったメッセージには、なるべく早く返信すべきだと考える大学生は少なくありませんし、本書でもすでに見てきたとおり、SNSでは相手の真意が探りにくいことから、返信の内容や表現にも、対面のときよりも気を遣わなければいけません。こうした種類の緊張を長時間保つ生活が毎日続けば、SNSを利用した交流自体に疲れを感じるようになっても不思議ではありません。

　また、投稿した内容が広く公開され、アカウントが実名であるために投稿内容と自分自身との結びつきが明らかなSNSでは、一つひとつの投稿について、適切な内容・文章表現にしなくてはいけない、公的なふるまいを意識しなければならないという心理的圧力や利用時の緊張は、さらに強まると考えられます。実際に、この心理的圧力によるストレスは、最近の大学生のSNS利用状況に影響を与えているようです。インターネットを経由するものの、実際には閉じられた空間で知っている人どうしの交流が前提となるLINEの利用率は、その利便性の高さから、利用率はほぼ100％です。ところが、顔出し・実名で、広くインターネットに開かれた空間での公的なふるまいが求められるFacebookの利用率は年々下がり続け、最近では半数に満たない割合になっています。実名投稿が前提にはならないTwitterの利用率が7割程度で高止まりしていることや、写真や動画での利用中心に設計されていて、文章での表現力はそれほど求められないInstagramの利用率が、毎年順調に伸びているのとは対照的です[2]。

　とはいえ、なかには対面や電話でのコミュニケーションより、SNS越

────────────────

2：マイナビ「マイナビ大学生のライフスタイル調査」2015年卒版（2014年公表）https://sapo-net.mynavi.jp/wp/wp-content/uploads/2016/11/lifestyle_2015.pdf、2017年卒版（2016年公表）https://saponet.mynavi.jp/wp/wp-content/uploads/2016/11/lifestyle_2017.pdf

5.1 SNSを離れ、一人で考える時間を確保することを優先

'情報'を'行動'に転換するためにはじっくり考える時間が必要！

しのコミュニケーションのほうがラクで、緊張しないという大学生も見られます。対面や電話では、リアルタイムな反応（発言）が求められますが、SNSであれば、たとえLINEなどのメッセンジャーであっても、相手を待たせている間に自分の発言を編集して適切に変える余裕があるというのです。自分の本心を隠すこともSNSのほうが容易です。「SNS疲れ」は本当に緊張だけが原因で起きるのでしょうか。

実際には、SNS疲れの原因は、情報過多そのものだと見ることもできます。本来、わたしたち人間が新しい情報を集める目的や意図は、周囲の人の行動の変化を適切に把握し、自分の行動に反映させるためのはずです。受け取った情報は、自らのアクションに転換しなければ意味がないのです。しかし、一定の時間内に接触する情報が多くなりすぎると、人は受け取った情報を処理できなくなってしまいます。

SNSでは、たくさんの相手をフォローすることや、友だちを増やすことが簡単です。多くの利用者のSNS上の「友だち」の数は、対面で情報を交換していた頃に親密にしていた相手の数と比べると、驚くほど多いはずです。タイムライン上には常に新しい情報が溢れ、そのすべてを処理・解釈できずに、せっかくの情報をそのまま放置してしまうことが増えます。

125

第 5 章　SNS 活用の実践

　また、海外の貧困や暴力についてのニュースのように、自分自身の日常から離れた話題、日頃は直接関わりをもっていないような課題も、SNSではたくさん目に入ります。しかし、自分の置かれた現実から離れすぎた情報であるほど、それを受け取った後にすぐに適切な行動に変換することは難しいものです。さらに SNS では、友人知人の活躍する様子や、充実した日々のできごとを見かけることが増えます。しかし、人にはそれぞれ自分の置かれた状況があります。友人知人の様子からよい刺激を受けても、すぐに自分の行動を変えられる人ばかりではありません。そのような、過剰に感じてしまう必要のない無力感や疎外感も、SNS による情報過多の弊害といえるでしょう。

　わたしたちはつい、集めた情報が多いほど、アクションを起こすための判断の精度が上がると考え、情報収集を必要以上に続けがちです。しかし、集めた情報が多すぎると、その処理に時間がかかるため、むしろ適切なタイミングでの判断は難しくなります。受け取った情報をもとにじっくり考え、自分の行動を変えるためには、それなりの時間が必要です。SNS を使っていると、誰もが情報過多の状況になりやすいので、入ってくる情報量を適切な範囲まで絞り込むことを意識しながら SNS を使うことが求められます。

5.1.2　利用者にどれだけ時間を消費させるかが運営事業者側の関心事

　一人で考える時間を確保しながら、SNS を使うことが難しい理由の一つは、SNS の収益構造にあります。

　本書の 1.1.3 項、「無料なのに高機能を支えるしくみ」でふれたとおり、わたしたちが実質無料で楽しめる SNS の運営コストの多くは、広告収益で賄われています。SNS の広告は、不特定多数に向けられたものではなく、年齢、性別、住居地、趣味といった個々の利用者の属性や、他の通販サイトで閲覧した商品の内容など、自動的に記録される嗜好や行動などを判断材料としてきめ細かく出し分けられています。そのため実際の購買にも結びつきやすく、広告主の側から見たときの魅力になっています。

　また、利用者の多くはスマートフォンで SNS にアクセスしているため、そのときどきの利用者の居場所もわかります。個々の利用者がある商品や

5.1 SNS を離れ、一人で考える時間を確保することを優先

サイトに興味をもっていることを、その「友だち」の SNS に表示して知らせることで、彼らのクリックや会員登録を促すこともできます。

そうした広告出稿の費用対効果をより高めるために、SNS の運営事業者は、自社サイトへの利用者の訪問回数を増やし、自社サイトにとどまる時間が長くなることを重要な経営指標にしています。

メッセージをやり取りする機能やグループ機能など、友だちどうしの交流を深めるさまざまなしかけを便利に感じて、わたしたち利用者は SNS を使っています。しかし、運営事業者の立場では、活発に情報交換がなされている場ほど、利用者のアクセスが多く、それが広告収入に結びつくからこそ、種々の機能を提供しているにすぎません。

また、主要な SNS がつぎつぎ打ち出してくる新機能のほぼすべても、利用者数の大幅な伸びが見込みにくいなかで、自社サイトへの訪問回数や滞留時間といった経営指標を少しでも改善することを目指しています。

たとえば Twitter も Facebook も、いまではタイムラインへ動画を投稿することができるようになっています。撮影済みの動画だけでなく、リアルタイムの配信（生中継）も可能です。こうした高度なサービスを維持するためのハードウェアや通信設備にかかるコストはきわめて大きくなりますが、それでも動画の閲覧により、利用者の滞在時間が長くなったり、よりアクセスの頻度が上がったりすれば、運営事業者側にとっては割の合う投資ということになります。

同様に、運営事業者が、セキュリティやプライバシー保護に関するガイドラインを利用者に向けて積極的に提示する理由は、情報公開の透明性を高め、社会的な責任を運営事業者が果たすという大義だけにはとどまりません。同時に、SNS 利用の際の不安感を払拭することで、SNS の利用頻度を底上げするのも重要な目的の一つだからです。

メッセージ機能やグループ機能の拡充が続く理由も同様です。プライベートはもちろん、業務にも使えるような機能を無料で提供することで、利用者の日常に、より深く入り込み、常に接触を続けることができます。接触してもらえば、広告を掲示する、利用者行動を取得する機会が得られるからです。

突き詰めていくと、利用者一人ひとりに、一日 24 時間のうち、どれだ

第5章　SNS活用の実践

け多くの時間を自社サービスに費やしてもらえるかが、SNS運営事業者にとって最大の関心事です。この意味で、SNS各社の競争相手は、他のSNSだけでなく、テレビや雑誌などの従来型メディア各社、外食やスポーツ、あらゆる趣味などを提供する事業者に及びます。

　以上のような運営事業者側の意図を理解したうえで、わたしたちはSNSを賢く利用しなければなりません。そのとき役立つのは、やはりSNSを利用する目的意識です。SNSでの情報収集や情報発信を、場あたり的に行っていたのでは、結局、運営事業者の用意したしかけにそのまま乗せられ、時間を浪費させられるばかりです。

　ただSNSの前にいても、何も生みだせません。それどころか、対面とは比べものにならないほどに交流の範囲が広がることで、交流そのものに必要な時間も大幅に増えてしまうのです。

　大切なことは、SNSから離れて一人になって考える時間や、自ら手を動かして何かをつくり出すための時間を確保することです。一日のスケジュールを見直し、睡眠や移動、生活に必要な時間を確保したうえで、SNSの利用はその「余り」という優先順位を守ります。また、SNSによる情報収集や発信にあてる時間は、一人の時間のせいぜい四分の一から三分の一程度と考えましょう。いきなりSNSに向かうのではなく、一人の時間を確保して、自分自身の考えを突き詰めていけば、他者との違いや特徴がはっきりします。手を動かす作業を続ければ、行き詰まることもあるでしょう。そこまで至れば、それを補強し、解決するためのSNS上での情報収集はラクになります。じっくりと一人で考えたアイデアや、自分自身の経験に裏付けられた情報ほど、SNSを通じて発信したときに、周囲からのフィードバックなどの相互作用がより大きく、具体的で実りあるものになるはずです。

　SNSの利用時間を減らすための細かなテクニックとして、タイムラインを漫然と眺めるのではなく、Twitterのリスト機能やFacebookのカスタムリスト機能を使って目的ごとに情報収集・発信の対象を絞り込むことや、SNS利用を早朝など一日のうちの特定の時間帯に限定してしまうことなどは、効果が期待できそうです。スマートフォンなどを利用して作業を進める必要がある時間帯は、機内モードに設定すれば、SNSなどの着

128

信に煩わされることもなくなります。

5.1.3 SNS利用による睡眠時間の減少と質の低下

SNSの長時間利用によって失われるのは、何よりもまず、睡眠のようです。総務省情報通信政策研究所が2014年に東京都内の高校生を対象に行った調査によれば、スマートフォンを使うようになってから減らした時間として、スマートフォン利用者の40.7％が「睡眠時間」をあげました。勉強時間（同34.1％）をおさえて最も多い回答になっています。

そして、わたしたちの身体のコンディションを整える大切な営みであるにもかかわらず、睡眠についての正しい知識をもち、適切な睡眠をとっている人の数は決して多くありません。OECDの調査結果でも、日本人全体の平均的な睡眠時間は、諸外国と比べてかなり短いと指摘されています。

本書は睡眠について学ぶための専門的な書籍ではないので、その全体像を網羅的に解説することはできませんが、ごく基本的なことは、説明しておきましょう。まず「必要な睡眠時間」には、人によって大きな差があります。一日5時間で済む人もいれば、10時間以上眠るプロスポーツ選手もいるのです。また同じ人でも、一生の間には睡眠時間に変化が見られるのが普通です。乳児は一日の半分以上を眠って過ごしますが、お年寄りはそれほど長く眠る必要がなくなります。「8時間の睡眠を確保することが必要」のようには単純化されないこともあって、睡眠時間については自己流の解釈で軽く考えている人が少なくありません。

その人の必要量に対して睡眠時間が不足すれば、翌日の知的活動、身体的活動両方のパフォーマンスは大きく下がります。睡眠不足という負債（借金）は、あまり蓄積してしまうと、すぐには返済（＝回復）できず、恒常化すれば、生活習慣病発症にもつながると指摘されています。昼間に感じる強い眠気や、休日の寝だめの習慣がそのサインとなります。

また睡眠は、横になっている時間が長いだけでは不十分で、中断されず、しかも深く眠れているかなど、「質」も重要なことが知られています。

しかし、不適切なSNS利用習慣は、睡眠の「時間」と「質」の両方に悪影響を与えます。SNS利用を夜遅くまで毎日続けると、就寝時間は遅くなります。平日に起床しなければいけない時間は動かないので、その分の睡

第 5 章　SNS 活用の実践

SNS 利用のルールを決めよう！

情報発信のための
作業は早朝に！

遅くとも、登校前には終える、ということね！

眠時間が削られます。

　また、SNS に限らず、スマートフォンやタブレットを、就寝前に近距離から眺めると、強い人工光が目に入り続け、その刺激が入眠を妨げ、深い睡眠への移行に時間がかかるともいわれています。

　SNS 利用の結果として、睡眠の量、質が低下すれば、知的活動のレベルも低下します。短期的な記憶力も、情報を受け取って適切に判断するための処理能力も低下します。これでは、何か新しいことを成し遂げるための手段であったはずの SNS の利用が、まったくの逆効果になってしまいます。

　そうした事態を避けるための具体的な方策として考えられるのは、やはり前述のように、一日の中で、SNS に接する時間の絶対量と時間帯を決めておくことでしょう。たとえば、夜 9 時以降は、スマートフォンの通知をオフにして、自分でも SNS アプリを使わないようにするのです。スマートフォンを利用した情報収集や作業などをすべて止める必要はなく、自身でペース配分ができるのであれば、SNS 以外に限っては利用しても構いませんが、人工光の刺激を考えると、就寝前はやはりなるべく避けたいと

130

ころです。昼間のうちにインターネットやSNS経由で知った書籍や論文など、スクリーンを使わずとも読める、あるいは読んでおくべき情報源は実際にはたくさんあるものです。

　また、朝型・夜型などの向き不向きはありますが、情報発信のための各種の作業は、早朝に集中して行うように習慣づける方法もあります。作業を夜に始めてしまうと、集中力が高まり調子が出てきたところで中断することができなくなり、つい睡眠時間を削ってしまいがちです。しかし、早起きして作業するようにすれば、登校や出社のために終了時間が決まっているので、あらかじめ自分の決めた時間配分を崩す心配がありません。

　このように、睡眠や食事、運動といった基本的な生活のリズムを保てるようなSNSの利用習慣が身につけば、みなさんがこれから長い人生で何かに取り組むときの強力な味方になってくれるはずです。SNS利用を意識して起床・就寝の時間を大きくずらすと、身体が慣れるのに数週間は必要です。情報収集・発信に快適に取り組める時間帯には個人差も大きいので、社会人になる前のいまのうちに、自分に合ったいろいろなやり方を試してみましょう。

5.2　もっと大切な情報がSNSの先にある

　SNSは手軽で強力なメディアです。海外のニュースから身近な友人の近況まで、タイムラインを眺めていれば漏らさず知ることができるような気分になります。また、自分のことを投稿すれば、遠方の友人知人からも即座に反応が得られます。その魅力を知ると、情報収集から発信、友だちとの付き合いに至るまで、ついついSNSだけに頼りがちになります。

　しかし、ここまで読み進んできたみなさんにはもうおわかりのとおり、ただ受け身で利用しているだけでは、本当に役に立つツールにはならないのがSNSです。表面上の万能ぶりに惑わされることなく、あくまでもSNS以外のインターネット上やその先にある「情報」や「人」につながるためのツールだということや、わたしたち自身の参加でその価値が変わっていくことなどを忘れずに付き合っていきましょう。

第 5 章　SNS 活用の実践

5.2.1　SNS をオフラインの活動の入り口として意識しよう

　SNS は貴重な情報源であり、情報発信のツールでもあります。しかし、SNS だけで情報収集や発信が完結することはありません。あくまでも情報収集や発信の一部の役割しか担うことはできません。SNS で見えている世界は、広いインターネットでも、自分の「ご近所」にすぎないと考えるほうがよいでしょう。何かアクションを起こす際には、まず SNS の付き合いの範囲にある具体的な情報をもとに仮説を立てたうえで、実際に出かけていって試してみるのです。仮説どおりにうまくアクションが進められることは少ないはずです。自分の SNS 上での情報の集め方や仮説の立て方に修正が必要ということです。それを繰り返すことで、より上手な SNS の使い手になることができます。

　具体的な進め方として、SNS で見つけたイベントに出かけてみるというのはどうでしょうか。SNS 上には、小さなものから大きなものまで、有償・無償のさまざまなイベントが告知されています。音楽やアート、スポーツなど、みなさんの趣味に関わるものはもちろん、大学での勉強や研究から、広く社会問題に関わるものまで、日頃から数多く目にしているはずです。

　SNS 上で興味をひかれる告知を見つけたら、そのまま漫然と現場に出向くのではなく、事前に SNS 上の情報はもちろん、SNS の外で主催者、出演・登壇者が発信している内容を読み込んで、それぞれの人となりや、そこから想像されるイベント当日の様子を、なるべく具体的にイメージしてみましょう。

　当日は、イベントを楽しみ、内容によっては何らかの気づきや学びを見つけるでしょう。そのとき、事前に自分でイメージしていたイベントの内容や出演者の人柄などと、実際のそれとのギャップがどの程度大きかったか、どちらの方向にずれがあったか、見逃していた情報はなかったかなどを、よく確かめておきましょう。イベントが期待どおりであったか、そのアタリハズレに一喜一憂するのが目的ではありません。そうしたイベントの事前調査に対する自己評価を習慣づけることこそが、オンラインでの情報収集力・判断力を高めるために大切なのです。

5.2 もっと大切な情報が SNS の先にある

　何らかの機会や巡り合わせがあれば、イベントの最中や終了後に、主催者や出演者・登壇者、他のイベント参加者とSNS上で「友だち」になるのもよいでしょう。一方的なフォローでも構いません。その際に、相手とSNS上でのつながりをつくるべきかどうか判断することが、大切な経験になります。心のなかで、どこか違和感があるときは、友だち申請もフォローも控えておきましょう。先方から誘われたとしても断ってよいのです。理性的な判断力だけでなく、直感的な判断力も、社会を生き抜くうえでは大切です。SNSでつながった人の数をやみくもに増やしても、何の自慢にもならないことは、あらためていうまでもないでしょう。

　SNS上では気になるイベントが見つからないという人には、本を探してみるのもおすすめです。周囲の同世代の友人知人とつながっているだけ

第 5 章　SNS 活用の実践

では、書評的な投稿を見かけることはあまりないかもしれませんが、Twitter や Facebook で著名人をフォローしていると、案外多くの書評を見つけることができます。書評を書いた人の日々の投稿をよく観察すれば、たとえ実際には会ったことがない相手でも、どのような考え方や専門分野の持ち主なのか、どんな立場で行動しているのかなどのイメージを描けるようになります。その相手からの推薦は、書店や書籍通販サイトなどのおすすめやレビューとは違う価値をもつものです。すべてのおすすめ本を読む必要はありませんし、現実的でもありませんが、気になる一冊があれば読んでみましょう。信頼する誰かから本を推薦されても、実際に読む人は案外少ないのです。みなさんがその小さな一歩を踏み出すだけで、行動しない人との差は次第に広がっていきます。またここでも、SNS での事前の期待と、実際にその本を読んでみた感想との差を、しっかりと自己評価することが大切です。

　さて、SNS をきっかけとした、学びのあり方をいくつか紹介しました。いずれも「人」が最高の情報源です。また、適切なアクションを起こすためにも、然るべき「人」とつながり、働きかけ、協力を得る必要があります。それぞれにとっての「人」を探すこと、つながり続けることなどに役立つSNS を、目的地としてではなく、すべての行動の起点として活用していきましょう。

5.2.2　役に立つ情報が SNS にないと嘆く人ほど、自ら発信しない

　SNS 上はもちろん、広くインターネットを見渡しても、役に立つ情報など何もない、社会から認められた書籍や論文だけが信じられるものだと言い切ってしまう人は少なくありません。たしかに、SNS 上で目立つのは、「どこへ行った」「何を食べた」といった友だちの近況や、タレントなどの活動報告かもしれません。インターネット検索の結果ページの上位に表示されるのは、信頼性の低い記事やサイトばかりという分野もあります。

　しかし、そもそも情報は、こちらから発信することではじめて集まってくるものなのです。自分からは何も発信することなく、一方的に情報を集めようと考えている人へは、本当に役立つ情報は決して近寄ってきません。

　インターネットが登場する以前は、ただ座って待っているだけでは情報

5.2 もっと大切な情報が SNS の先にある

を集めることなどできませんでした。出かけていって、実際に人の話を聞いたり、自ら図書館や書店に足を運んだりしなければ何も得られませんでした。行動すれば、多くの場合では相手方から、賛否を問わず何らかのフィードバックがあるものです。そこで得られた反応は、自分自身の発信や働きかけの内容について考え直し、その後のアクションを軌道修正するきっかけになりました。

ところが、インターネットがいきわたって以来、手元のスマートフォンを操作するだけで、ちょっとした調べ物は済ませられるという錯覚に陥っている人が増えてしまったかもしれません。

それに加え、SNS は、自分で登録した興味関心の分野や、SNS 内外での過去の行動履歴、行動範囲などに合わせて、選ばれて表示される記事の内容や優先的に表示される友だちが大きく変わるというしくみが常に働いています。タイムラインに多数表示される記事や広告の傾向には、自分自身のふるまいが知らず知らずのうちに反映されています。SNS につまらない情報ばかりが表示されていると感じるのであれば、それは、過去の自分自身の行動が原因かもしれません。

つまり、役立つ情報を手に入れたいと願うのであれば、自分自身が「誰かの役に立つ情報」を提供する側に回る必要があるのです。その関係は、メディアを経由せず、直接人と人とが情報交換をするところまで、話を単純化することで、より明確に理解することができるでしょう。いつも自分の質問ばかりで、誰かの役に立つことがない人の周りには、人が集まらないものです。

ただし、誰かの役に立つ情報といっても、自分で一からオリジナルでつくり上げた情報である必要はありません。また、未完成でも構いません。大切なのは、自分自身が興味関心をもっていて、探求している、実践している、時間を使っている何らかのテーマについての、真摯な情報発信になっているかどうかです。まだ特定のテーマに絞り込めていない、成果物がないという人は、関連するニュース記事を「友だち」と共有してみたり、広くリツイートしてみたりする積み重ねから始めればよいのです。

有名、無名にかかわらず、知的産物のほとんどは、誰かとの共同作業でできています。直接相手の役に立つかどうか、自分が得をするかどうかは

135

第 5 章　SNS 活用の実践

わからなくても、手元にある情報を積極的に多くの人たちと共有してみてください。そうした行動を続けている人のところには、次第に、必要な情報が思いがけず寄せられることになります。やがて、誰かと何か新しいことに一緒に取り組める機会も訪れます。

SNS やインターネット上に何も見つからないと文句をいうのはお門違いです。わたしたち自身が、情報をつくり出し、報われるかどうかにこだわらず発信することで、SNS やインターネットをより豊かなものに変えていくことができるのです。

5.3　発信することで一人ひとりの未来が変わる

何かアイデアをまとめる必要があるときに、自分ひとりの頭の中だけで何かをまとめることは案外難しいものです。しかし、メモを書く、パソコンで文章を書く、図示する、プレゼンテーションソフトを使うなど「そのアイデアを他人に説明する」ことを想定して、まずは表現してみることで、おぼろげだったアイデアが、一定の形になります。また、他人に説明する

距離や時間の制約なしに、可能性を広げられるのが SNS！

5.3 発信することで一人ひとりの未来が変わる

前に、足りないもの、余計なものについての新たな気づきが得られること
もあります。

　いざ書き出してみると、たいしたことがないアイデアだと感じられるこ
ともあるでしょう。それは「頭の中では立派なアイデアだったのにもかか
わらず、うまく表現できなかった」のではありません。アイデア自体が、
まだそこまでしか煮詰まっていなかったのです。

　情報を発信する行為には、何かを相手に伝える以前に、上記のように、
自分の考えをまとめ、客観視できるようになるという効果があります。そ
のうえで、それを自分専用のメモで終わらせるのでなく、今後は、その内
容を友人に聞いてもらう、さらにはSNSを使い、より広い範囲に共有し
てみるのはどうでしょうか。発信する先さえ適切に選択できれば、より有
益なフィードバックが、より多く、短期間のうちに得られるかもしれませ
ん。この本の最後では、発信を通じて自分のアイデアを磨き上げる際のヒ
ントをいくつか紹介していきます。

5.3.1　SNSではローカルな事実、独自の視点こそが求められている

　中高生の頃から、インターネットやSNSの怖さを繰り返し聞かされて
きた人は、大学生になり、自分の興味のあることをSNSに自由に発信し
てみようといわれても、万一のトラブルがやっぱり怖いし、ランチとかペッ
トとか、身の回りの無難な話題以外をSNSに書くことなどできないと考
えがちかもしれません。

　あるいは、他人がうらやむような魅力的な体験はしていない、驚くよう
な変わったできごとには出合っていない、スポーツや音楽、ファッション
などで特別な趣味を突き詰めてもいないということで、自分自身を取り上
げるのには気後れしてしまい、誰もが興味をもつような時事的な話題を取
り上げ、コメントすることくらいしかないという人も多そうです。

　しかし、SNSで本当に期待されているのは、誰もが知っているような
有名なできごとへのあなたの評論ではありません。みんなが知っているよ
うなできごとであれば、その分野に詳しい複数の専門家がインターネット
上に、より的確で役に立つコメントを必ず書き込んでいます。テレビや新
聞、雑誌などのマスメディアからは、より大局的な視点で、追加取材によ

137

第5章　SNS活用の実践

る新しい情報を加えた評論を無料で得ることができるのです。わたしたち素人が、それらを上回るクオリティのコメントをすることや、当事者に独自の取材をすることなど、できるわけがありません。また、それを聞いた誰もが驚き、リツイートや「いいね！」がすぐに何千件、何万件もつくような変わったネタや面白い話だけが、待たれているわけでもありません。

　実際のところ、SNSで普遍的に価値があるのは、ネタ自体はありふれたものだったとしても、情報の発信者と受信者の間にある何らかの「ギャップ」なのです。

　わかりやすいのは、体験している事実や状況に大きなギャップがある場合です。たとえば東京が5月に真夏日を迎えた日に、「今日は5月なのにこんなに暑い」と投稿しても、東京に住むSNS上の「友だち」どうしの間では、何の驚きもありません。しかし同じ日の札幌の最高気温が5℃で、札幌に住むSNS利用者が、薪ストーブの前で暖まっている写真を東京の「友だち」に共有すれば、その状況の違いが鮮やかな驚きとなって伝わるでしょう。

　もちろん、自他を取り巻く状況に大きな違いがなくても、「ギャップ」を感じさせることで価値のある情報を生み出すことは可能です。そのためには、日頃から自分の状況やモノの見方を客観視し、周囲の見方との「ギャップ」をどれだけ際立たせられるかが鍵となります。もちろん、それを的確に表現できることが必要です。

　結局のところ、誰もが同じようなできごとについて、同じような視点から撮った同じような写真を共有していても、情報の「量」が増えるだけで、SNS全体で見たときの情報全体の「価値」はほとんど上がりません。同じ場所で同じ時間を経験しても、周囲とは違う自分なりの切り口で表現できるかどうかが重要です。また、何かを「知っている」ことだけでなく、そこに自分の身体を動かして「やってみた」結果を加えて共有できれば、後から来る誰かにとって、価値の高い情報がさらに積み上げられたことになります。

　SNSに何を書けばよいかわからないという人は、友人と一緒に出かけて、同じものを見ているときに、友人とは別の視点から見ることができないか、考えてみましょう。同じ場所を訪れているときに、友人が気にも留めない

138

のに自分だけは気になる別の何かはないでしょうか。同じお店や同じ料理、同じ観光名所の写真を撮るときにも、百人いれば百通りの解釈があってよいのです。たった一つの「正解」とか、「もっとたくさんの人から"いいね！"を押してもらえる方法」を探し求める必要などないのです。自分だけが見つけたもの、同じものについてでも異なる視点、自分だけの体験を書くことが、みなさんのSNS投稿を豊かにしていきます。また、SNSに何かを投稿することで、自分と周囲の着眼点や視点、分析、感じ方の違いが、はじめて意識できるでしょう。そしてこれを繰り返せば繰り返すほどに、わたしたちは、的確に自分自身を客観視できるようになるのです。

意識して言葉に出さなければ周囲には気づかれない、その人独自のものの見方や感じ方、放っておけば埋もれてしまうかもしれないローカルな事実などをSNSに発信、共有しておけば、はじめはごく少数かもしれませんが、それを受け取る人も必ず現れます。物理的に離れた場所にいる少数派どうしでもつながりができ、続き、残ることがSNSの強みです。そうして生まれた人と人とのネットワークは時間が経過するほどに、強まり、広がっていくでしょう。SNSには、マスメディア経由や直接対面でのコミュニケーションだけでは、埋もれてしまいがちな、世の中にある多様なできごと、見方、体験を、より多くの人が共有できるようになるという可能性も秘められているのです。

5.3.2　SNS上の人格を統合しよう

みなさんは、日常的にSNSを何種類使っているでしょうか。また、一つのSNSのなかで、複数のアカウントを使い分けていますか。

運営の都合上、複数アカウントでの利用を好ましく思わないSNSは少なくありませんが、たとえばTwitterでは、用途ごとに、複数のアカウントを使い分けているという人は少なくありません。たとえば「親しい友人とのつながり専用アカウント」では、連絡用途や日常の些細なできごとを書き込み、「趣味のつながり専用アカウント」は、お気に入りの作品やタレントなどについて、ディープな情報交換に役立てるといった具合です。趣味のアカウントでは、周囲の友人には理解してもらいにくい特殊な知識や、趣味嗜好などをあけっぴろげにできますし、普段は出会えないような

第5章　SNS活用の実践

同好の士と共感し合える点が大きな魅力になっています。

　さらにはTwitterに「ストレス解消専用アカウント」をもっている人もいるでしょう。自分の身元がわからないように配慮しつつ、周囲の人間関係や世の中のできごとに対して、歯に衣着せぬ批判をする、自分でもフェアではないと感じつつも独り言として一方的に不満を吐き出すといった目的に使うのです。匿名とはいえ、インターネットという広い世界に向かって表現することで、家族や周囲の友人には聞いてもらえないような嫌なことを溜め込まずに済み、精神の安定が得られるというわけです。

　こうした使い分けの場合、それぞれのアカウントごとに、話題はもちろん、言葉遣いや論理展開、周囲との付き合い方までもが大きく異なるのが普通です。同じ一人の人間なのに、いわば複数の人格を巧みに操り、自分のなかで共存させているのです。

　とはいえ、複数の視点や立場を自分のなかに共存させ、場面や環境に合わせて使い分ける、出し分けるという作業は、SNS上のみで行われている特殊なことではなく、程度の差こそあれ、誰もが行っています。たとえば、大学のゼミに参加しているとき、サークルで活動中、アルバイト中、家族と過ごしているときのそれぞれで、異なる態度や言葉遣いをしているでしょう。実生活においても、自分が周囲から期待されていると考える役割を「演じている」という面があるはずです。

　こうした人格の使い分けは、Facebookに代表される実名前提のSNSでは、難しくなります。大学の同級生、卒業した高校や中学校の先輩や後輩、かつて住んでいた地域の知り合い、アルバイト先の同僚、趣味の友人から家族まで、それぞれの知り合いの間には何も関係がなかったはずが、SNS上では、本人を中心とした一つのものとしてすべて混在するからです。

　友だちに向けた投稿のはずだったのに、母親から思いもかけないコメントがついてしまうとか、それを、将来就職活動を始めたときに志望企業の人事担当者に見られてしまうなどの事態を避けたいと考える人は多いでしょうし、そういったことを心配していては、実名前提のSNSは決して居心地のよい空間とはいえないでしょう。こうしたすべての知り合いやできごとが混在していく構造こそが、大学生の間でFacebookの人気が下がっている理由の一つかもしれません。

140

5.3 発信することで一人ひとりの未来が変わる

学生から社会人へ！　SNSの利用法も進化を

　もちろん、SNS上も含めて、自分のプライベートな空間や人間関係を場面に応じて適切に使い分けることは必要です。しかし、これから本格的に社会に出ていく大学生のみなさんにとって、SNSはプライベートの交流のためだけではなく、広く社会に対して自分自身を表現するために使えるツールでもあるのです。
　実のところ、社会人の多くは、仕事の場面での情報交換や商売の上の損得だけで、お互いを評価しているわけではありません。取り引きが長くなるほど、その相手と本当の信頼関係を築くことができそうか、また、これ

141

第5章　SNS活用の実践

からも付き合いを続けるべきか否かの判断材料として、プライベートも含めた人間性そのものについての評価が重要になります。これまでは、仕事の後の会食や休日のゴルフなど、プライベートな時間を共有することがお互いの人柄を知る手段として一般的でした。しかしこれからは、距離的に遠く、プライベートな時間をめったに共有できない仕事相手との付き合いを深め、維持する必要も増えてくるでしょう。そのとき、SNS上への投稿やSNS上での交流が有効な手段になります。またSNSでは、ある人の過去から現在までの人間関係を知ることもできます。場面や立場によって人格の使い分けや普段の仕事のときの態度とのギャップが甚だしいようでは、不安を感じてしまうでしょう。

インターネット上だけとはいえ、あまりにかけ離れた複数の人格を維持するのは本人にとっても容易なことではありません。間違って違うアカウントへの投稿をしてしまう事故の心配もあります。SNS上でも建前と本音を分けたりせず、できる限り一つの人格としてふるまうほうがラクなのではないでしょうか。

もちろんプライベートのすべてをSNS上の「友だち」全員と共有する必要はありません。一部の事柄については投稿するSNSを限定したり、同じSNSのなかでも、記事ごとの公開範囲を調節したり、専用のグループを作成したりするなどの配慮が必要になることはいうまでもありません。

5.3.3　SNSへの情報発信で自分の行動が変わる

人には、自分自身が発した言葉に無意識のうちに縛られ、その後の自分の行動を左右されるという特性があります。発言を人に聞かれてしまったからもう引っ込みがつかない…というケースもあるでしょうし、自分ひとりで文章を書いた場合でも同様です。

これを逆手にとって、日頃から言葉を発するときや、文章を書くときに、どのような内容や表現を選ぶのかを、意識的に実行するようにしてみましょう。最初は他者と同じような状況に置かれていても、発する言葉や文章がいつも前向きであれば、自分自身の行動も前向きなものに変わり、その繰り返しによってずいぶん違うところに到達することができるはずです。

SNS の活用を考えるときにも、この考え方を最大限に利用したいものです。つまり、いつでもポジティブな書き込みをしようということです。そもそも、受け手にとって、ポジティブな書き込みほど気軽に反応しやすくできているのが、SNS という場です。実際、主な SNS 上に、「いいね！」「Like」というボタンはありますが、「よくないね！」「dislike」といったネガティブな反応をワンタッチで表現できるボタンは用意されていません。2017 年に大幅に拡張された Facebook の「いいね！」ボタンでさえ、用意されているのは「悲しいね」「ひどいね」までです。いずれも投稿内容へのこちらからの共感を示すための表現であって、投稿者の行動や投稿そのものを否定する意味ではありません。

ですから、SNS で何かのできごとについて書くときは、いつも「いいね！」が押しやすい視点やとらえ方、まとめ方を心がけてみましょう。それが、失敗談や苦労していること、辛いことについて、前向きな側面をとらえたり見つけたりするためのよい訓練になるのです。そして、SNS に前向きに投稿できれば、その後の展開は本当によい方向へと変わっていきます。いつでもよい点を見つけて前向きに書こうとする態度が、わたしたちの人生を変えるのです。そうした態度を保つために、SNS はよいツールなのです。

なかには、どうしても他人には聞かせられない事情があるけれど、SNS に記事として書き込む作業を通じて、前向きに心の整理をしたい、後で思い出したいという使い方もあるでしょう。実際に、Facebook などに、「自分限定」の公開範囲で、自分のためだけの記事を書く人がいるのもうなずけます。たとえ誰の反応も期待できなくても、書くという作業を通じて、自分を客観視したり、触発したりすることは可能だからです。

それとは逆に、いつもグチのような書き込み、他責的な態度での失敗の書き込みを続けていても、その人が SNS 利用で得られるものは少ないでしょう。自分の失敗について、「反省」はするべきでしょうが、いつまでも「後悔」をしていても仕方がないのです。どうしても自分の失敗について何かを書き残したいのであれば、後に続く人に役立つ教訓が得られるように意識して書くという方法があります。それなら、広く他の人の目に触れ、後々まで残る SNS だからこその、自分以外のためにもなるポジティ

第5章　SNS活用の実践

ブな使い方といえるでしょう。

　自身の気づきや決意、失敗からの反省をSNSに発信することは、そのまま、友人知人を含む自分の周囲に対して、それらを広く宣言することにもなります。簡単には撤回できなくなるわけです。自分の決意に自信がない人にとっては利用価値があるでしょう。

　一時的で一方的な宣言に終わることなく、SNSであれば高い確率で周囲からのフィードバックが得られるのも魅力的なところです。SNS上の人間関係は、普段会うことができる友人知人と比べて広いのが普通でしょう。結果として、自分自身の提案や気づきに対して、新たな理解者や支持者が名乗りを上げてくれる可能性が高まります。

　また、良好な人間関係が育まれているSNS上であれば、他人の投稿に対して、わざわざネガティブなことを書いてくる人は少ないです。実際に会って新しいアイデアを披露したときには、いつも否定的で、些細な点に対して難癖をつけてくるような相手も、SNS上では、わざわざ言ってこないのが普通です。リアルな人間関係のなかでは、何気なく発せられがちな「人の足を引っ張る」発言で、せっかくのユニークな考え方や取り組みが、芽を出せないことが起きがちです。一方、SNS上でしっかりとした批判や指摘をしてくれる相手は、自分の行動を修正する上で貴重な情報源にもなります。そうしたSNS上での交流関係がつくれるかどうかは、普段からの自分自身の取り組みに大きく左右されます。

　ちょっとしたことでも、何かをやると決めたらSNSに書くことが有効です。それが達成できたらすぐに報告する、もし失敗してもその顛末と気づき、次回への巻き返しの展望をオープンに共有するというサイクルをなるべく多く繰り返すことが大切です。

　たとえば、ジョギングやマラソン、アイアンマンレースを趣味にしている人が、チームメートはもちろん、そうした競技に関わりのない友人知人をも対象にして、日々の練習報告や、特定のレース・大会への出場宣言、結果報告をその都度行い、地道で辛い練習に対する自身のモチベーションを上げるのにSNSを使っています。

　また、SNS上の友だちが前向きな投稿やチャレンジをしているときには、惜しみなく「いいね！」や支持するコメントを送ることも心がけましょう。

144

5.3 発信することで一人ひとりの未来が変わる

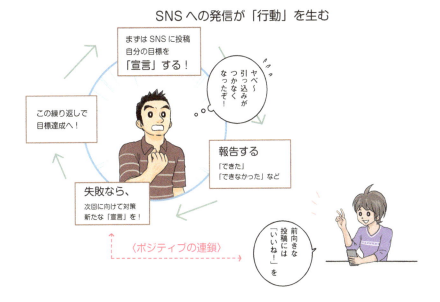

読んだらすぐに「いいね！」を押さなければいけないとか、見逃すことなく必ず「いいね！」を押さなければいけないわけではありません。タイムラインで目に留まったときだけでも構いませんので、SNS上でのポジティブの連鎖を、今日、わたしたちから始めましょう。

わたしたち人間は、みな違い、わかりあうことは難しいのかもしれません。でも、誰も一人だけでは生きていけません。小さくても世の中の片隅を照らせる、世の中に役立つモノやコトも、自分ひとりの頭の中だけからは決して生まれません。SNSを活用してより多くの他者とつながり、やり取りをすることは、自分自身はもちろん、世の中にとっても前向きな意味があるはずです。

また、できるかできないかわからないなかでも、何かを決意したら、まずはSNSに自分の言葉でアクションを宣言してしまいましょう。そのうえで、SNSの友だちに励まされながらアクションを進め、ときには迷惑をかけ、回り道をしながらも、何とか仕上げ、SNSに結果報告を上げるというサイクルは有用です。そのサイクルは何度でも繰り返すことができます。限りある人生の持ち時間のなかでは、SNSを活用してより多くそ

145

第5章　SNS活用の実践

のサイクルを回せた人ほど、その人の考える本当の目的地に近づいていけるのです。

　SNSを活用した「人とのつながり」の広がり感とスピード感は、誰の人生にとっても欠かせないものになるでしょう。ぜひみなさんも、SNSをより前向きに活用できるようになり、自分自身と周囲の人生を豊かなものにしてほしいと願っています。

第5章のまとめ

日常生活の中でどう使うか

1. SNS疲れは、SNS上にいる時間を自ら管理できなくなると起こる。処理すべき情報が多すぎたり、過度に反応し続けたりすることが主因である。
2. SNS疲れを避けるためには、SNSで接する情報を意識的に絞り込むことが必要である。
3. 運営事業者から見れば、自社のSNS内により多くの利用者が長い時間とどまっていてもらったほうが利益につながる。
4. SNS上で時間を浪費しないようにするため、SNSを使う目的を常に意識することが必要である。タイムラインを漫然と眺めることは避け、リスト機能などを使って、情報収集の範囲を限定するとよい。
5. 一日に何時間SNSを使うか、いつ使うかを決めておく。特に就寝前にSNSは使わないほうがよい。
6. SNSで収集・発信した情報をもとに行動してみる。たとえば、SNSで知ったイベントに出かけてみて、SNS上での反応が良かったか悪かったかを判断する。このサイクルを繰り返すことで、SNS上での情報を評価する力がつく。
7. SNS上で自分に有益な情報を得たければ、まず自分から発信してみることが必要である。
8. 過去の発言がその後の自分の行動のしかたを決めてしまう。SNS上でも、日常でも、積極的な態度をとり続けるほうが、その後自分の行動をより積極的にする。この積み重ねを意識してSNSを利用するべきである。

さらに深く学びたい人のために（参考図書）

インターネットの本質

糸井重里 (2014)『インターネット的』PHP 研究所
イーライ・パリサー (2016)『フィルターバブル：インターネットが隠していること』
　早川書房

メディア・リテラシー

下村健一 (2015)『10 代からの情報キャッチボール入門：使えるメディア・リテラシー』
　岩波書店

SNS との適切な距離感

ダナ・ボイド (2014)『つながりっぱなしの日常を生きる：ソーシャルメディアが若者
　にもたらしたもの』草思社
ウィリアム・パワーズ (2012)『つながらない生活─「ネット世間」との距離のとり方』
　プレジデント社

社会人の SNS 活用

浅生鴨 (2015)『中の人などいない：@ NHK 広報のツイートはなぜユルい？』新潮社
藤代裕之 (2011)『発信力の鍛え方：ソーシャルメディア活用術』PHP 研究所
小林直樹 (2012)『ソーシャルリスク：ビジネスで失敗しない 31 のルール』日経 BP 社

MEMO

索　引

欧　文

A/B テスト	68
Facebook（フェイスブック）	1, 107
Facebook による情報収集	73
Google（グーグル）	1, 59
Instagram（インスタグラム）	
1, 38, 40, 59, 106	
ISP（インターネット・サービス・	
プロバイダ）	108
JAL	52
LINE（ライン）	2, 105
LINE 広告	45
Mappy	41
MixChannel（ミックスチャンネル）	
	38
NHK	50
Skype（スカイプ）	3
SNS（ソーシャル・ネットワーキン	
グ・サービス）	1
SNS 依存	31
SNS 疲れ	13, 123
SNS 利用率	29
Twitter（ツイッター）	1, 105
Twitter による情報収集	71
Yahoo!（ヤフー）	59
YouTube（ユーチューブ）	38

和　文

あ

アカウント	3, 7, 71, 73, 109
アラブの春	19
アルゴリズム	62, 87, 95
イーライ・パリサー	65

市川市動植物園	35
井上苑子	41
インスタグラマー	41
インスタグラム（Instagram）	
1, 38, 40, 59, 106	
インターネット広告	7
インターネット利用時間	29
炎上	11, 117
炎上マーケティング	118
おじいちゃんの方眼ノート	37
踊ってみた	38, 46, 52
オンラインコミュニケーション	12

か

課金	8
カスタムリスト機能	128
危機管理広報	55
企業での SNS 活用	43
既読無視	93
休眠アカウント	109
キュレーションサイト	82
グーグル（Google）	1, 59
クチコミ	45
クラウドサービス	107
グループ機能	5, 96
グループトーク	124
警視庁警備部災害対策課	46
検索されやすさ	113
公式アカウント	47
コミュニケーションの失敗	119
コミュニティ	5

さ

シェア	26
シャープ	52
社内 SNS	57

149

集団極化	96	
集団極性化	96	
従来型メディア	20	
受信通知	95	
承認欲求	99	
情報	79	
—— の信憑性	74	
—— の流れ	20	
情報過多	64, 123	
情報爆発	82	
署名	75	
スカイプ（Skype）	3	
スタンプ	92	
ステマ	82	
ステルスマーケティング	82	
スニペット	83	
スマートフォン	21	
セキュリティ	127	
双方向型コミュニケーション	25	
ソーシャル・ネットワーキング・サービス（SNS）	1	

た

タイムライン		
4, 9, 61, 71, 87, 95, 106, 116		
ダイレクトメッセージ	4	
チャット	2	
ツイキャス	41	
ツイッター（Twitter）	1, 105	
つぶやき	72	
テーブルマーク株式会社	47	
手紙	93	
電話	94	
東急ハンズ	49	
匿名	74	
匿名利用率	33	
トニー・ブレア	86	
ドメイン指定	84	

な

流しカワウソ	35	
中の人	51	
日本のインターネット利用	29, 32	

は

ハイパーリンク	113	
パクリ投稿	100	
ハッシュタグ	55, 59, 107	
ピコ太郎	38	
フィルターバブル	64, 87	
フェイスブック（Facebook）	1, 107	
フォロワー数	47	
福岡市市長	54	
プライバシー保護	127	
プロフィール	4	
米国大使館	46	

ま

メッセンジャー	2	
メディア（媒体）	20	

や

ユーチューブ（YouTube）	38	

ら

ライン（LINE）	2, 105	
リアルタイム配信	127	
リスト機能	71, 128	
リツイート	26, 99, 106, 109	
リッチモンドホテル	45	
利用規約	108	
リンク	114	
レイアウト	112	
ローソン	44	

わ

話者世界	12	

執筆者紹介

高橋 大洋（たかはし たいよう）

株式会社ミヤノモリ・ラボラトリー 代表取締役社長。ピットクルー株式会社 インターネット利用者行動研究室長（契約パートナー）、一般社団法人セーファーインターネット協会 主席研究員、小樽商科大学非常勤講師。コンピュータウイルス対策やフィルタリング専門企業での業務経験を経て、現在はインターネットの安全と活用をテーマにした調査研究と教育実践に取り組む。

佐山 公一（さやま こういち）

小樽商科大学商学部社会情報学科 教授。フェイスブックページ「おたるくらし」運営委員（代表）。北海道大学大学院文学研究科 博士後期課程単位取得退学。博士（行動科学）。専門は認知心理学、認知科学。コミュニケーションのなかで、どのように言葉や表情を人が理解したり表出したりしているかを実験室的な方法を使って研究している。最近は、コンピュータやスマートフォンを介したコミュニケーションに興味をもっている。コミュニケーションに関する論文多数。著書には『レトリック論を学ぶ人のために』世界思想社（分担執筆）がある。

吉田 政弘（よしだ まさひろ）

コピーライター、プランナー、クリエイティブディレクター。小樽商科大学非常勤講師。株式会社パブリックセンター（現・株式会社ニトリパブリック）にて広告制作・PR業務に携わる。退職後、2009年9月に吉田政弘広告事務所 YELLOW 開業。不動産、観光、流通などにおいて、クライアントのもつ課題を発見・整理、プロモーションプログラムを構築し、クリエイティブワークを実践している。

イラスト

坂井 太陽（さかい たいよう）

イラストレーター、漫画家。ゲーム雑誌『Vジャンプ』に販促4コマ漫画を連載、挿絵も数多く提供している。ストーリーの雰囲気に合わせた作画に定評がある。デジタル機器とイラストソフトウェアにも精通している。

著者／編著者紹介

高橋大洋（たかはしたいよう）
- 1990年　早稲田大学社会科学部　卒業
- 現　在　株式会社ミヤノモリ・ラボラトリー　代表取締役社長

佐山公一（さやまこういち）
- 1985年　北海道大学理学部　卒業
- 1994年　北海道大学大学院文学研究科博士課程単位取得退学
- 1995年　博士（行動科学）学位取得
- 現　在　小樽商科大学商学部社会情報学科　教授

吉田政弘（よしだまさひろ）
- 1985年　小樽商科大学商学部　卒業
- 現　在　吉田政弘広告事務所YELLOW　代表

NDC 780　159 p　21cm

学生のためのＳＮＳ活用の技術　第2版

2018年2月28日　第1刷発行
2021年2月19日　第5刷発行

著者／編著者　高橋大洋・佐山公一・吉田政弘
発行者　鈴木章一
発行所　株式会社　講談社
　　〒112-8001　東京都文京区音羽2-12-21
　　販　売　(03)5395-4415
　　業　務　(03)5395-3637

編　集　株式会社　講談社サイエンティフィク
　　代表　堀越俊一
　　〒162-0825　東京都新宿区神楽坂2-14　ノービィビル
　　編　集　(03)3235-3701

本文データ制作・カバー印刷　株式会社双文社印刷
表紙印刷　豊国印刷株式会社
本文印刷・製本　株式会社講談社

落丁本・乱丁本は，購入書店名を明記のうえ，講談社業務宛にお送り下さい．送料小社負担にてお取替えします．なお，この本の内容についてのお問い合わせは講談社サイエンティフィク宛にお願いいたします．定価はカバーに表示してあります．

© T. Takahashi, K. Sayama, M. Yoshida, 2018

本書のコピー，スキャン，デジタル化等の無断複製は著作権法上での例外を除き禁じられています．本書を代行業者等の第三者に依頼してスキャンやデジタル化することはたとえ個人や家庭内の利用でも著作権法違反です．

[JCOPY] 〈(社)出版者著作権管理機構　委託出版物〉
複写される場合は，その都度事前に(社)出版者著作権管理機構(電話 03-3513-6969，FAX 03-3513-6979，e-mail : info@jcopy.or.jp)の許諾を得て下さい．

Printed in Japan

ISBN 978-4-06-153162-8